사물인터넷, 빅데이터 등 스마트 시대 대비!

정보처리능력 향상을 위한—

최고효과

기초 탄탄 계산법

9권 | 분수의 덧셈과 뺄셈

기초부터 탄탄하게
G 기탄출판

계산력은 수학적 사고력을 기르기 위한 기초 과정이며,
스마트 시대에 정보처리능력을 기르기 위한 필수 요소입니다.

사칙 계산(+, −, ×, ÷)을 나타내는 기호와 여러 가지 수(자연수, 분수, 소수 등) 사이의 관계를 이해하여 빠르고 정확하게 답을 찾아내는 과정을 통해 아이들은 수학적 개념이 발달하기 시작하고 수학에 흥미를 느끼게 됩니다.

위에서 보여준 것과 같이 단순한 더하기라 할지라도 아무거나 더하는 것이 아니라 더하는 의미가 있는 것은, 동질성을 가진 것끼리, 단위가 같은 것끼리여야 하는 등의 논리적이고 합리적인 상황이 기본이 됩니다.
사칙 계산이 처음엔 자연수끼리의 계산으로 시작하기 때문에 큰 어려움이 없지만 수의 개념이 확장되어 분수, 소수까지 다루게 되면, 더하기를 하기 위해 표현 방법을 모두 분수로, 또는 모두 소수로 바꾸는 등, 자기도 모르게 수학적 사고의 과정을 밟아가며 계산을 하게 됩니다.
이런 단계의 계산들은 하위 단계인 자연수의 사칙 계산이 기초가 되지 않고서는 쉽지 않습니다.
계산력을 기르는 것이 이렇게 중요한데도 계산력을 기르는 방법에는 지름길이 없습니다.

❶ 매일 꾸준히
❷ 표준완성시간 내에
❸ 정확하게 푸는 것

을 연습하는 것만이 정답입니다.
집을 짓거나, 그림을 그리거나, 운동경기를 하거나, 그 밖의 어떤 일을 하더라도 좋은 결과를 위해서는 기초를 닦는 것이 중요합니다.
앞에서도 말했듯이 수학적 사고력에 있어서 가장 기초가 되는 것은 계산력입니다. 또한 계산력은 사물인터넷과 빅데이터가 활용되는 스마트 시대에 가장 필요한, 정보처리능력을 향상시킬 수 있는 기본 요소입니다. 매일 꾸준히, 표준완성시간 내에, 정확하게 푸는 것을 연습하여 기초가 탄탄한 미래의 소중한 주인공들로 성장하기를 바랍니다.

이 책의 특징과 구성

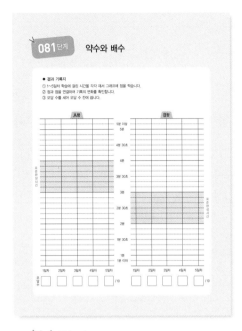

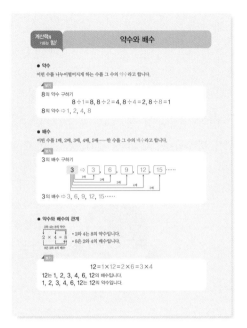

❖ 학습관리| – 결과 기록지

매일 학습하는 데 걸린 시간을 표시하고 표준완 성시간 내에 학습 완료를 하였는지, 틀린 문항 수는 몇 개인지, 또 아이의 기록에 어떤 변화가 있는지 확인할 수 있습니다.

❖ 계산 원리| 짚어보기| – 계산력을 기르는 힘

계산력도 원리를 익히고 연습하면 더 정확하고 빠르게 풀 수 있습니다. 제시된 원리를 이해하 고 계산 방법을 익히면, 본 교재 학습을 쉽게 할 수 있는 힘이 됩니다.

❖ 본 학습

A형, B형 각각 의 똑같은 형식 의 문제를 5일 동안 반복학습을 하면서 계산력을 향상시킬 수 있 습니다.

그날그날 학습한 날짜, 학습하는 데 걸린 시간, 오답 수를 기록 하여 아이의 학 습 결과를 확인 할 수 있습니다.

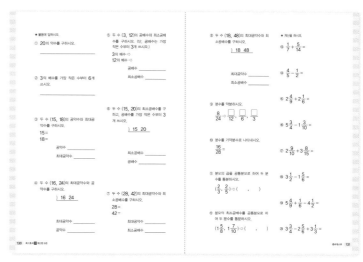

종료테스트

각 권이 끝날 때마다 종료테스트를 통해 학습한 것을 다시 한번 확인할 수 있습니다.
종료테스트의 정답을 확인하고 '학습능력평가표'를 작성합니다. 나온 평가의 결과대로 다음 교재로 바로 넘어갈지, 좀 더 복습이 필요한지 판단하여 계속해서 학습을 진행할 수 있습니다.

정답

단계별 정답 확인 후 지도포인트를 확인합니다. 이번 학습을 통해 어떤 부분의 문제해결력을 길렀는지, 또한 틀린 문제를 점검할 때 어떤 부분에 중점을 두고 확인해야 할지 알 수 있습니다.

최고효과 기초탄탄 계산법 전체 학습 내용

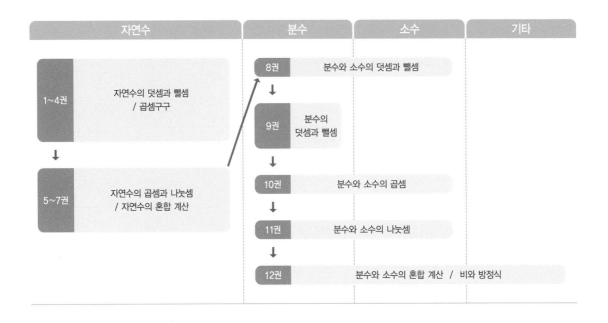

자연수	분수	소수	기타

1~4권 자연수의 덧셈과 뺄셈 / 곱셈구구

↓

5~7권 자연수의 곱셈과 나눗셈 / 자연수의 혼합 계산

8권 분수와 소수의 덧셈과 뺄셈

↓

9권 분수의 덧셈과 뺄셈

↓

10권 분수와 소수의 곱셈

↓

11권 분수와 소수의 나눗셈

↓

12권 분수와 소수의 혼합 계산 / 비와 방정식

최고효과 기초탄탄 계산법 권별 학습 내용

1권 : 자연수의 덧셈과 뺄셈 1

권장학년 **초1**

001단계	9까지의 수 모으기와 가르기
002단계	합이 9까지인 덧셈
003단계	차가 9까지인 뺄셈
004단계	덧셈과 뺄셈의 관계 ①
005단계	세 수의 덧셈과 뺄셈 ①
006단계	(몇십)+(몇)
007단계	(몇십 몇)±(몇)
008단계	(몇십)±(몇십), (몇십 몇)±(몇십 몇)
009단계	10의 모으기와 가르기
010단계	10의 덧셈과 뺄셈

2권 : 자연수의 덧셈과 뺄셈 2

011단계	세 수의 덧셈, 뺄셈
012단계	받아올림이 있는 (몇)+(몇)
013단계	받아내림이 있는 (십 몇)−(몇)
014단계	받아올림 · 받아내림이 있는 덧셈, 뺄셈 종합
015단계	(두 자리 수)+(한 자리 수)
016단계	(몇십)−(몇)
017단계	(두 자리 수)−(한 자리 수)
018단계	(두 자리 수)±(한 자리 수) ①
019단계	(두 자리 수)±(한 자리 수) ②
020단계	세 수의 덧셈과 뺄셈 ②

3권 : 자연수의 덧셈과 뺄셈 3 / 곱셈구구

권장학년 **초2**

021단계	(두 자리 수)+(두 자리 수) ①
022단계	(두 자리 수)+(두 자리 수) ②
023단계	(두 자리 수)−(두 자리 수)
024단계	(두 자리 수)±(두 자리 수)
025단계	덧셈과 뺄셈의 관계 ②
026단계	같은 수를 여러 번 더하기
027단계	2, 5, 3, 4의 단 곱셈구구
028단계	6, 7, 8, 9의 단 곱셈구구
029단계	곱셈구구 종합 ①
030단계	곱셈구구 종합 ②

4권 : 자연수의 덧셈과 뺄셈 4

031단계	(세 자리 수)+(세 자리 수) ①
032단계	(세 자리 수)+(세 자리 수) ②
033단계	(세 자리 수)−(세 자리 수) ①
034단계	(세 자리 수)−(세 자리 수) ②
035단계	(세 자리 수)±(세 자리 수)
036단계	세 자리 수의 덧셈, 뺄셈 종합
037단계	세 수의 덧셈과 뺄셈 ③
038단계	(네 자리 수)+(세 자리 수 · 네 자리 수)
039단계	(네 자리 수)−(세 자리 수 · 네 자리 수)
040단계	네 자리 수의 덧셈, 뺄셈 종합

권장 학년		5권 : 자연수의 곱셈과 나눗셈 ①		6권 : 자연수의 곱셈과 나눗셈 ②	
초3	041단계	같은 수를 여러 번 빼기 ①	051단계	(세 자리 수)×(한 자리 수) ①	
	042단계	곱셈과 나눗셈의 관계	052단계	(세 자리 수)×(한 자리 수) ②	
	043단계	곱셈구구 범위에서의 나눗셈 ①	053단계	(두 자리 수)×(두 자리 수) ①	
	044단계	같은 수를 여러 번 빼기 ②	054단계	(두 자리 수)×(두 자리 수) ②	
	045단계	곱셈구구 범위에서의 나눗셈 ②	055단계	(세 자리 수)×(두 자리 수) ①	
	046단계	곱셈구구 범위에서의 나눗셈 ③	056단계	(세 자리 수)×(두 자리 수) ②	
	047단계	(두 자리 수)×(한 자리 수) ①	057단계	(몇십)÷(몇), (몇백 몇십)÷(몇)	
	048단계	(두 자리 수)×(한 자리 수) ②	058단계	(두 자리 수)÷(한 자리 수) ①	
	049단계	(두 자리 수)×(한 자리 수) ③	059단계	(두 자리 수)÷(한 자리 수) ②	
	050단계	(두 자리 수)×(한 자리 수) ④	060단계	(두 자리 수)÷(한 자리 수) ③	

권장 학년		7권 : 자연수의 나눗셈 / 혼합 계산		8권 : 분수와 소수의 덧셈과 뺄셈	
초4	061단계	(세 자리 수)÷(한 자리 수) ①	071단계	대분수를 가분수로, 가분수를 대분수로 나타내기	
	062단계	(세 자리 수)÷(한 자리 수) ②	072단계	분모가 같은 분수의 덧셈 ①	
	063단계	몇십으로 나누기	073단계	분모가 같은 분수의 덧셈 ②	
	064단계	(두 자리 수)÷(두 자리 수) ①	074단계	분모가 같은 분수의 뺄셈 ①	
	065단계	(두 자리 수)÷(두 자리 수) ②	075단계	분모가 같은 분수의 뺄셈 ②	
	066단계	(세 자리 수)÷(두 자리 수) ①	076단계	분모가 같은 분수의 덧셈, 뺄셈	
	067단계	(세 자리 수)÷(두 자리 수) ②	077단계	자릿수가 같은 소수의 덧셈	
	068단계	(두 자리 수·세 자리 수)÷(두 자리 수)	078단계	자릿수가 다른 소수의 덧셈	
	069단계	자연수의 혼합 계산 ①	079단계	자릿수가 같은 소수의 뺄셈	
	070단계	자연수의 혼합 계산 ②	080단계	자릿수가 다른 소수의 뺄셈	

권장 학년		9권 : 분수의 덧셈과 뺄셈		10권 : 분수와 소수의 곱셈	
초5	081단계	약수와 배수	091단계	분수와 자연수의 곱셈	
	082단계	공약수와 최대공약수	092단계	분수의 곱셈 ①	
	083단계	공배수와 최소공배수	093단계	분수의 곱셈 ②	
	084단계	최대공약수와 최소공배수	094단계	세 분수의 곱셈	
	085단계	약분	095단계	분수와 소수	
	086단계	통분	096단계	소수와 자연수의 곱셈	
	087단계	분모가 다른 진분수의 덧셈과 뺄셈	097단계	소수의 곱셈 ①	
	088단계	분모가 다른 대분수의 덧셈과 뺄셈	098단계	소수의 곱셈 ②	
	089단계	분모가 다른 분수의 덧셈과 뺄셈	099단계	분수와 소수의 곱셈	
	090단계	세 분수의 덧셈과 뺄셈	100단계	분수, 소수, 자연수의 곱셈	

권장 학년		11권 : 분수와 소수의 나눗셈		12권 : 분수와 소수의 혼합 계산 / 비와 방정식	
초6	101단계	분수와 자연수의 나눗셈	111단계	분수와 소수의 곱셈과 나눗셈	
	102단계	분수의 나눗셈 ①	112단계	분수와 소수의 혼합 계산	
	103단계	분수의 나눗셈 ②	113단계	비와 비율	
	104단계	소수와 자연수의 나눗셈 ①	114단계	간단한 자연수의 비로 나타내기	
	105단계	소수와 자연수의 나눗셈 ②	115단계	비례식	
	106단계	자연수와 자연수의 나눗셈	116단계	비례배분	
	107단계	소수의 나눗셈 ①	117단계	방정식 ①	
	108단계	소수의 나눗셈 ②	118단계	방정식 ②	
	109단계	소수의 나눗셈 ③	119단계	방정식 ③	
	110단계	분수와 소수의 나눗셈	120단계	방정식 ④	

차례

9권 분수의 덧셈과 뺄셈

081단계 약수와 배수

082단계 공약수와 최대공약수

083단계 공배수와 최소공배수

084단계 최대공약수와 최소공배수

085단계 약분

086단계 통분

087단계 분모가 다른 진분수의 덧셈과 뺄셈

088단계 분모가 다른 대분수의 덧셈과 뺄셈

089단계 분모가 다른 분수의 덧셈과 뺄셈

090단계 세 분수의 덧셈과 뺄셈

081 단계 약수와 배수

● 결과 기록지

① 1~5일차 학습에 걸린 시간을 각각 재서 그래프에 점을 찍습니다.

② 점과 점을 연결하여 기록의 변화를 확인합니다.

③ 오답 수를 세어 오답 수 칸에 씁니다.

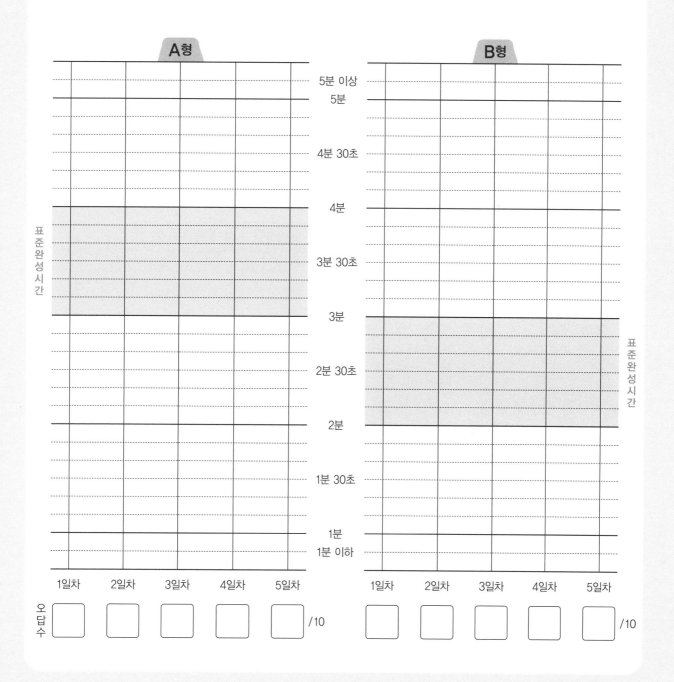

약수와 배수

● 약수

어떤 수를 나누어떨어지게 하는 수를 그 수의 약수라고 합니다.

> 보기
>
> 8의 약수 구하기
>
> $$8 \div 1 = 8, \ 8 \div 2 = 4, \ 8 \div 4 = 2, \ 8 \div 8 = 1$$
>
> 8의 약수 ⇨ 1, 2, 4, 8

● 배수

어떤 수를 1배, 2배, 3배, 4배, 5배……한 수를 그 수의 배수라고 합니다.

> 보기
>
> 3의 배수 구하기
>
>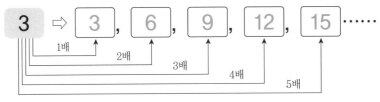
>
> 3의 배수 ⇨ 3, 6, 9, 12, 15……

● 약수와 배수의 관계

2와 4는 8의 약수

$$2 \times 4 = 8$$

8은 2와 4의 배수

- 2와 4는 8의 약수입니다.
- 8은 2와 4의 배수입니다.

> 보기
>
> $$12 = 1 \times 12 = 2 \times 6 = 3 \times 4$$
>
> 12는 1, 2, 3, 4, 6, 12의 배수입니다.
>
> 1, 2, 3, 4, 6, 12는 12의 약수입니다.

약수와 배수

★ 약수를 구하시오.

① **4**의 약수 ⇨ _____ ⇨ _____

② **7**의 약수 ⇨ _____ ⇨ _____

③ **10**의 약수 ⇨ _____ ⇨ _____

④ **14**의 약수 ⇨ _____ ⇨ _____

⑤ **26**의 약수 ⇨ _____ ⇨ _____

⑥ **35**의 약수 ⇨ _____ ⇨ _____

⑦ **49**의 약수 ⇨ _____ ⇨ _____

⑧ **50**의 약수 ⇨ _____ ⇨ _____

⑨ **63**의 약수 ⇨ _____ ⇨ _____

⑩ **76**의 약수 ⇨ _____ ⇨ _____

날짜	월	일
시간	분	초
오답 수	/	10

B형

약수와 배수

★ 배수를 가장 작은 수부터 6개 쓰시오.

① **2**의 배수 ⇨ 2, 4, ☐, ☐, ☐, ☐

② **4**의 배수 ⇨ _____

③ **7**의 배수 ⇨ _____

④ **11**의 배수 ⇨ _____

⑤ **14**의 배수 ⇨ _____

⑥ **20**의 배수 ⇨ _____

⑦ **23**의 배수 ⇨ _____

⑧ **32**의 배수 ⇨ _____

⑨ **34**의 배수 ⇨ _____

⑩ **45**의 배수 ⇨ _____

약수와 배수

★ 약수를 구하시오.

① **8**의 약수 ⇨ _____ ⇨ _____

② **9**의 약수 ⇨ _____ ⇨ _____

③ **12**의 약수 ⇨ _____ ⇨ _____

④ **27**의 약수 ⇨ _____ ⇨ _____

⑤ **30**의 약수 ⇨ _____ ⇨ _____

⑥ **42**의 약수 ⇨ _____ ⇨ _____

⑦ **54**의 약수 ⇨ _____ ⇨ _____

⑧ **66**의 약수 ⇨ _____ ⇨ _____

⑨ **75**의 약수 ⇨ _____ ⇨ _____

⑩ **82**의 약수 ⇨ _____ ⇨ _____

약수와 배수

★ 배수를 가장 작은 수부터 6개 쓰시오.

① **3**의 배수 ⇨ **3, 6,** ☐ **,** ☐ **,** ☐ **,** ☐

② **8**의 배수 ⇨ _____

③ **12**의 배수 ⇨ _____

④ **16**의 배수 ⇨ _____

⑤ **21**의 배수 ⇨ _____

⑥ **25**의 배수 ⇨ _____

⑦ **33**의 배수 ⇨ _____

⑧ **38**의 배수 ⇨ _____

⑨ **40**의 배수 ⇨ _____

⑩ **52**의 배수 ⇨ _____

약수와 배수

★ 약수를 구하시오.

① **5**의 약수 ⇨ _____ ⇨ _____

② **6**의 약수 ⇨ _____ ⇨ _____

③ **16**의 약수 ⇨ _____ ⇨ _____

④ **24**의 약수 ⇨ _____ ⇨ _____

⑤ **36**의 약수 ⇨ _____ ⇨ _____

⑥ **45**의 약수 ⇨ _____ ⇨ _____

⑦ **52**의 약수 ⇨ _____ ⇨ _____

⑧ **64**의 약수 ⇨ _____ ⇨ _____

⑨ **70**의 약수 ⇨ _____ ⇨ _____

⑩ **88**의 약수 ⇨ _____ ⇨ _____

약수와 배수

★ 배수를 가장 작은 수부터 6개 쓰시오.

① **5**의 배수 ⇨ **5, 10,** ☐ **,** ☐ **,** ☐ **,** ☐

② **9**의 배수 ⇨ _____

③ **13**의 배수 ⇨ _____

④ **18**의 배수 ⇨ _____

⑤ **24**의 배수 ⇨ _____

⑥ **27**의 배수 ⇨ _____

⑦ **31**의 배수 ⇨ _____

⑧ **36**의 배수 ⇨ _____

⑨ **42**의 배수 ⇨ _____

⑩ **55**의 배수 ⇨ _____

약수와 배수

★ 약수를 구하시오.

① **4**의 약수 ⇨ _____ ⇨ _____

② **8**의 약수 ⇨ _____ ⇨ _____

③ **15**의 약수 ⇨ _____ ⇨ _____

④ **28**의 약수 ⇨ _____ ⇨ _____

⑤ **32**의 약수 ⇨ _____ ⇨ _____

⑥ **40**의 약수 ⇨ _____ ⇨ _____

⑦ **56**의 약수 ⇨ _____ ⇨ _____

⑧ **65**의 약수 ⇨ _____ ⇨ _____

⑨ **78**의 약수 ⇨ _____ ⇨ _____

⑩ **90**의 약수 ⇨ _____ ⇨ _____

약수와 배수

★ 배수를 가장 작은 수부터 6개 쓰시오.

① **7**의 배수 ⇨ **7, 14,** ◻, ◻, ◻, ◻

② **6**의 배수 ⇨ _____

③ **19**의 배수 ⇨ _____

④ **22**의 배수 ⇨ _____

⑤ **28**의 배수 ⇨ _____

⑥ **35**의 배수 ⇨ _____

⑦ **37**의 배수 ⇨ _____

⑧ **41**의 배수 ⇨ _____

⑨ **44**의 배수 ⇨ _____

⑩ **52**의 배수 ⇨ _____

5일차

약수와 배수

● 표준완성시간 : 3~4분

날짜	월	일
시간	분	초
오답 수	/	10

★ 약수를 구하시오.

① **10**의 약수 ⇨ _____ ⇨ _____

② **18**의 약수 ⇨ _____ ⇨ _____

③ **20**의 약수 ⇨ _____ ⇨ _____

④ **33**의 약수 ⇨ _____ ⇨ _____

⑤ **48**의 약수 ⇨ _____ ⇨ _____

⑥ **50**의 약수 ⇨ _____ ⇨ _____

⑦ **62**의 약수 ⇨ _____ ⇨ _____

⑧ **72**의 약수 ⇨ _____ ⇨ _____

⑨ **81**의 약수 ⇨ _____ ⇨ _____

⑩ **96**의 약수 ⇨ _____ ⇨ _____

약수와 배수

★ 배수를 가장 작은 수부터 6개 쓰시오.

① **8**의 배수 ⇨ 8, 16, ☐, ☐, ☐, ☐

② **15**의 배수 ⇨ _____

③ **17**의 배수 ⇨ _____

④ **26**의 배수 ⇨ _____

⑤ **29**의 배수 ⇨ _____

⑥ **30**의 배수 ⇨ _____

⑦ **34**의 배수 ⇨ _____

⑧ **42**의 배수 ⇨ _____

⑨ **50**의 배수 ⇨ _____

⑩ **53**의 배수 ⇨ _____

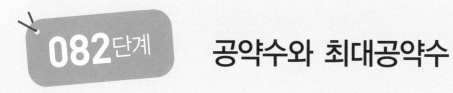

082단계 공약수와 최대공약수

● **결과 기록지**

① 1~5일차 학습에 걸린 시간을 각각 재서 그래프에 점을 찍습니다.
② 점과 점을 연결하여 기록의 변화를 확인합니다.
③ 오답 수를 세어 오답 수 칸에 씁니다.

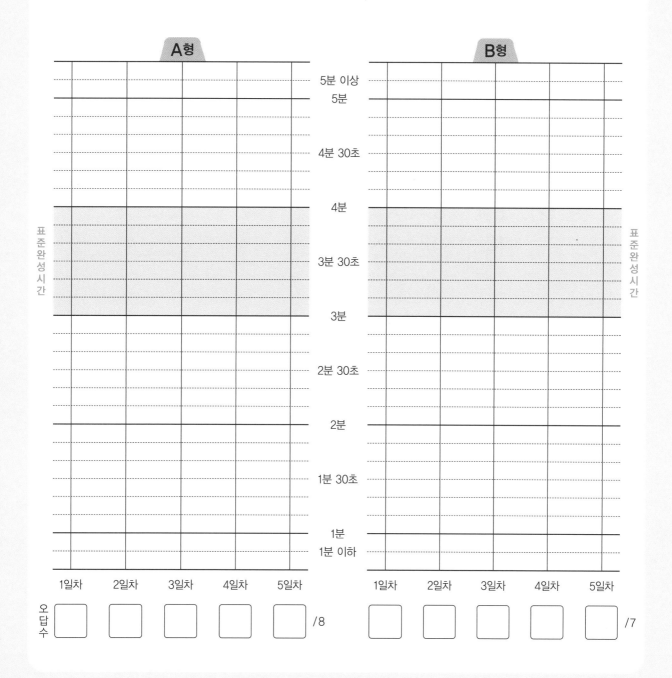

공약수와 최대공약수

● 공약수와 최대공약수

$$(8, 12) \Rightarrow 8의 약수 : ①,②,④, 8$$
$$12의 약수 : ①,②, 3,④, 6, 12$$

위와 같이 두 수 8, 12의 공통인 약수 1, 2, 4를 두 수의 공약수라고 합니다. 두 수의 공약수 중에서 가장 큰 수 4를 두 수의 최대공약수라고 합니다.

● 공약수에서 최대공약수 구하기

각 수를 두 수의 곱으로 나타내었을 때, 두 수의 곱에서 공통으로 들어 있는 수가 공약수이고, 공약수 중에서 가장 큰 수가 최대공약수입니다.

◢ 곱셈식을 이용하여 공약수와 최대공약수 구하기의 예

$$(8, 12) \Rightarrow 8 = 1 \times 8 = 2 \times 4$$
$$12 = 1 \times 12 = 2 \times 6 = 3 \times 4$$

$\Rightarrow$ 공약수 $\underline{\quad 1, 2, 4 \quad}$

최대공약수 $\underline{\quad 4 \quad}$

● 최대공약수에서 공약수 구하기

두 수를 공약수로 나누어지지 않을 때까지 계속 나눕니다. 이때 두 수의 공약수의 곱이 최대공약수이고, 최대공약수의 약수가 공약수입니다.

◢ 공약수로 나누어 최대공약수와 공약수 구하기의 예

$(8, 12) \Rightarrow$ 8과 12의 공약수 ← $2 \,) \, \underline{8 \quad\quad 12}$

4와 6의 공약수 ← $2 \,) \, \underline{4 \quad\quad 6}$

$\qquad\qquad\qquad 2 \quad\quad 3$ → 공약수가 1뿐인 두 수

$\Rightarrow$ 최대공약수 $\underline{\quad 2 \times 2 = 4 \quad}$

공약수 $\underline{\quad 1, 2, 4 \quad}$

공약수와 최대공약수

★ 두 수의 공약수와 최대공약수를 구하시오.

① (2, 6) ⇨ 2 =

6 =

⇨ 공약수 _____

최대공약수 _____

② (4, 8) ⇨ 4 =

8 =

⇨ 공약수 _____

최대공약수 _____

③ (6, 10) ⇨ 6 =

10 =

⇨ 공약수 _____

최대공약수 _____

④ (12, 9) ⇨ 12 =

9 =

⇨ 공약수 _____

최대공약수 _____

⑤ (7, 14) ⇨ 7 =

14 =

⇨ 공약수 _____

최대공약수 _____

⑥ (16, 4) ⇨ 16 =

4 =

⇨ 공약수 _____

최대공약수 _____

⑦ (8, 20) ⇨ 8 =

20 =

⇨ 공약수 _____

최대공약수 _____

⑧ (25, 15) ⇨ 25 =

15 =

⇨ 공약수 _____

최대공약수 _____

● 표준완성시간 : 3~4분

날짜	월	일
시간	분	초
오답 수		/ 7

공약수와 최대공약수

★ 두 수의 최대공약수와 공약수를 구하시오.

① (3, 9) ⇨)_____

⇨ 최대공약수 _____

　공약수 _____

② (4, 10) ⇨)_____

⇨ 최대공약수 _____

　공약수 _____

③ (6, 18) ⇨)_____

⇨ 최대공약수 _____

　공약수 _____

④ (20, 15) ⇨)_____

⇨ 최대공약수 _____

　공약수 _____

⑤ (18, 12) ⇨)_____

⇨ 최대공약수 _____

　공약수 _____

⑥ (16, 24) ⇨)_____

⇨ 최대공약수 _____

　공약수 _____

⑦ (12, 32) ⇨)_____

⇨ 최대공약수 _____

　공약수 _____

공약수와 최대공약수

● 표준완성시간 : 3~4분

날짜	월	일
시간	분	초
오답 수		/ 8

★ 두 수의 공약수와 최대공약수를 구하시오.

① (2, 8) ⇨ 2 =
　　　　　8 =

⇨ 공약수 _____

최대공약수 _____

② (4, 16) ⇨ 4 =
　　　　　16 =

⇨ 공약수 _____

최대공약수 _____

③ (8, 6) ⇨ 8 =
　　　　　6 =

⇨ 공약수 _____

최대공약수 _____

④ (10, 35) ⇨ 10 =
　　　　　35 =

⇨ 공약수 _____

최대공약수 _____

⑤ (12, 20) ⇨ 12 =
　　　　　20 =

⇨ 공약수 _____

최대공약수 _____

⑥ (24, 9) ⇨ 24 =
　　　　　9 =

⇨ 공약수 _____

최대공약수 _____

⑦ (18, 24) ⇨ 18 =
　　　　　24 =

⇨ 공약수 _____

최대공약수 _____

⑧ (21, 28) ⇨ 21 =
　　　　　28 =

⇨ 공약수 _____

최대공약수 _____

공약수와 최대공약수

★ 두 수의 최대공약수와 공약수를 구하시오.

① (2, 10) ⇨   )_____   ⇨ 최대공약수 _____

     공약수 _____

② (12, 4) ⇨   )_____   ⇨ 최대공약수 _____

     공약수 _____

③ (8, 16) ⇨   )_____   ⇨ 최대공약수 _____

     공약수 _____

④ (6, 15) ⇨   )_____   ⇨ 최대공약수 _____

     공약수 _____

⑤ (28, 8) ⇨   )_____   ⇨ 최대공약수 _____

     공약수 _____

⑥ (30, 12) ⇨   )_____   ⇨ 최대공약수 _____

     공약수 _____

⑦ (16, 20) ⇨   )_____   ⇨ 최대공약수 _____

     공약수 _____

공약수와 최대공약수

★ 두 수의 공약수와 최대공약수를 구하시오.

① (3, 6) ⇨ 3 =

　　　　　　6 =

⇨ 공약수 ＿＿＿＿＿＿＿＿

　최대공약수 ＿＿＿＿＿＿

② (7, 21) ⇨ 7 =

　　　　　　21 =

⇨ 공약수 ＿＿＿＿＿＿＿＿

　최대공약수 ＿＿＿＿＿＿

③ (10, 20) ⇨ 10 =

　　　　　　20 =

⇨ 공약수 ＿＿＿＿＿＿＿＿

　최대공약수 ＿＿＿＿＿＿

④ (32, 8) ⇨ 32 =

　　　　　　8 =

⇨ 공약수 ＿＿＿＿＿＿＿＿

　최대공약수 ＿＿＿＿＿＿

⑤ (12, 24) ⇨ 12 =

　　　　　　24 =

⇨ 공약수 ＿＿＿＿＿＿＿＿

　최대공약수 ＿＿＿＿＿＿

⑥ (18, 27) ⇨ 18 =

　　　　　　27 =

⇨ 공약수 ＿＿＿＿＿＿＿＿

　최대공약수 ＿＿＿＿＿＿

⑦ (28, 16) ⇨ 28 =

　　　　　　16 =

⇨ 공약수 ＿＿＿＿＿＿＿＿

　최대공약수 ＿＿＿＿＿＿

⑧ (30, 24) ⇨ 30 =

　　　　　　24 =

⇨ 공약수 ＿＿＿＿＿＿＿＿

　최대공약수 ＿＿＿＿＿＿

공약수와 최대공약수

★ 두 수의 최대공약수와 공약수를 구하시오.

① (6, 9) ⇨)_____   ⇨ 최대공약수 _____

공약수 _____

② (10, 16) ⇨)_____   ⇨ 최대공약수 _____

공약수 _____

③ (15, 12) ⇨)_____   ⇨ 최대공약수 _____

공약수 _____

④ (18, 30) ⇨)_____   ⇨ 최대공약수 _____

공약수 _____

⑤ (32, 8) ⇨)_____   ⇨ 최대공약수 _____

공약수 _____

⑥ (24, 36) ⇨)_____   ⇨ 최대공약수 _____

공약수 _____

⑦ (30, 45) ⇨)_____   ⇨ 최대공약수 _____

공약수 _____

공약수와 최대공약수

★ 두 수의 공약수와 최대공약수를 구하시오.

① (3, 12) ⇨ 3 =

　　　　　　　12 =

⇨ 공약수 _____

　最대공약수 _____

② (14, 6) ⇨ 14 =

　　　　　　　6 =

⇨ 공약수 _____

　최대공약수 _____

③ (13, 26) ⇨ 13 =

　　　　　　　26 =

⇨ 공약수 _____

　최대공약수 _____

④ (15, 30) ⇨ 15 =

　　　　　　　30 =

⇨ 공약수 _____

　최대공약수 _____

⑤ (21, 35) ⇨ 21 =

　　　　　　　35 =

⇨ 공약수 _____

　최대공약수 _____

⑥ (36, 28) ⇨ 36 =

　　　　　　　28 =

⇨ 공약수 _____

　최대공약수 _____

⑦ (25, 40) ⇨ 25 =

　　　　　　　40 =

⇨ 공약수 _____

　최대공약수 _____

⑧ (32, 64) ⇨ 32 =

　　　　　　　64 =

⇨ 공약수 _____

　최대공약수 _____

공약수와 최대공약수

★ 두 수의 최대공약수와 공약수를 구하시오.

① (9, 15) ⇨)_____

⇨ 최대공약수 _____

공약수 _____

② (20, 24) ⇨)_____

⇨ 최대공약수 _____

공약수 _____

③ (16, 36) ⇨)_____

⇨ 최대공약수 _____

공약수 _____

④ (42, 30) ⇨)_____

⇨ 최대공약수 _____

공약수 _____

⑤ (28, 49) ⇨)_____

⇨ 최대공약수 _____

공약수 _____

⑥ (32, 48) ⇨)_____

⇨ 최대공약수 _____

공약수 _____

⑦ (54, 72) ⇨)_____

⇨ 최대공약수 _____

공약수 _____

공약수와 최대공약수

★ 두 수의 공약수와 최대공약수를 구하시오.

① (4, 20) ⇨ 4 =

　　　　　　20 =

　　　　⇨ 공약수 _____

　　　　　최대공약수 _____

② (18, 9) ⇨ 18 =

　　　　　　9 =

　　　　⇨ 공약수 _____

　　　　　최대공약수 _____

③ (10, 12) ⇨ 10 =

　　　　　　12 =

　　　　⇨ 공약수 _____

　　　　　최대공약수 _____

④ (27, 12) ⇨ 27 =

　　　　　　12 =

　　　　⇨ 공약수 _____

　　　　　최대공약수 _____

⑤ (22, 44) ⇨ 22 =

　　　　　　44 =

　　　　⇨ 공약수 _____

　　　　　최대공약수 _____

⑥ (34, 17) ⇨ 34 =

　　　　　　17 =

　　　　⇨ 공약수 _____

　　　　　최대공약수 _____

⑦ (24, 54) ⇨ 24 =

　　　　　　54 =

　　　　⇨ 공약수 _____

　　　　　최대공약수 _____

⑧ (40, 56) ⇨ 40 =

　　　　　　56 =

　　　　⇨ 공약수 _____

　　　　　최대공약수 _____

날짜	월	일
시간	분	초
오답 수		/ 7

공약수와 최대공약수

★ 두 수의 최대공약수와 공약수를 구하시오.

① (9, 21) ⇨)_____

⇨ 최대공약수 _____

공약수 _____

② (14, 35) ⇨)_____

⇨ 최대공약수 _____

공약수 _____

③ (12, 36) ⇨)_____

⇨ 최대공약수 _____

공약수 _____

④ (32, 16) ⇨)_____

⇨ 최대공약수 _____

공약수 _____

⑤ (26, 39) ⇨)_____

⇨ 최대공약수 _____

공약수 _____

⑥ (18, 45) ⇨)_____

⇨ 최대공약수 _____

공약수 _____

⑦ (64, 72) ⇨)_____

⇨ 최대공약수 _____

공약수 _____

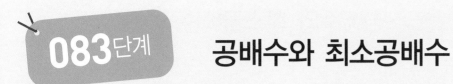

083단계 공배수와 최소공배수

● **결과 기록지**

① 1~5일차 학습에 걸린 시간을 각각 재서 그래프에 점을 찍습니다.

② 점과 점을 연결하여 기록의 변화를 확인합니다.

③ 오답 수를 세어 오답 수 칸에 씁니다.

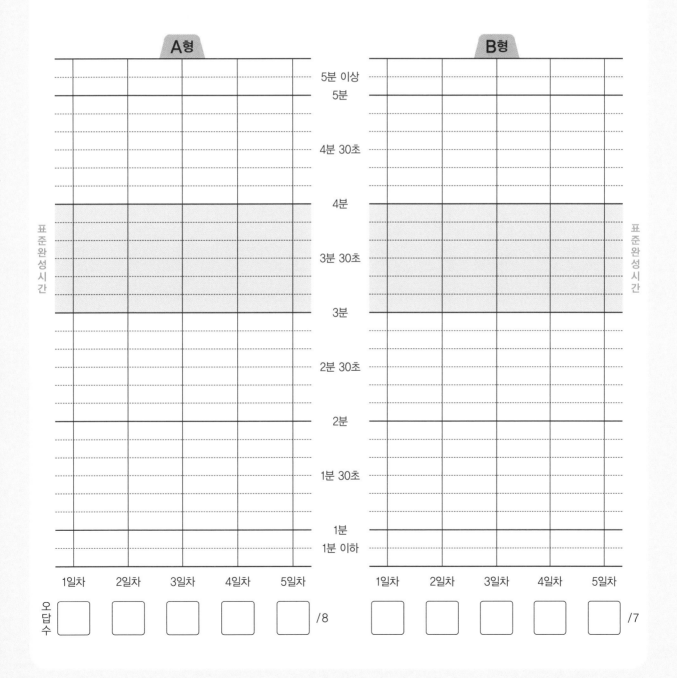

공배수와 최소공배수

● 공배수와 최소공배수

두 수의 공통인 배수를 두 수의 공배수라고 합니다. 두 수의 공배수 중에서 가장 작은 수를 두 수의 최소공배수라고 합니다.

● 공배수에서 최소공배수 구하기

두 수 각각의 배수를 구한 후 공통인 배수가 공배수이고, 공배수 중에서 가장 작은 수가 최소공배수입니다.

> 배수를 이용하여 공배수와 최소공배수 구하기의 예
>
> (6, 9) ⇨ 6 : 6, 12, 18, 24, 30, 36, 42, 48, 54, 60 ······
>   9 : 9, 18, 27, 36, 45, 54, 63 ······
>
>   ⇨ 공배수   18, 36, 54 ······
>
>   최소공배수   18

● 최소공배수에서 공배수 구하기

두 수를 공약수로 나누어지지 않을 때까지 계속 나눕니다. 이때 두 수의 공약수와 나머지 수들을 곱한 것이 최소공배수이고, 최소공배수의 배수가 공배수입니다.

> 공약수로 나누어 최소공배수와 공배수 구하기의 예
>
> (6, 9) ⇨ 6과 9의 공약수 ← 3) 6   9
>   2   3 → 공약수가 1뿐인 두 수
>
>   ⇨ 최소공배수 $3 \times 2 \times 3 = 18$
>
>   공배수   18, 36, 54 ······

공배수와 최소공배수

★ 두 수의 공배수를 가장 작은 수부터 3개 쓰고, 최소공배수를 구하시오.

① (2, 3) ⇨ 2 :

　　　　　　3 :

⇨ 공배수 ＿＿＿＿＿＿＿

　최소공배수 ＿＿＿＿＿

② (3, 6) ⇨ 3 :

　　　　　　6 :

⇨ 공배수 ＿＿＿＿＿＿＿

　최소공배수 ＿＿＿＿＿

③ (4, 8) ⇨ 4 :

　　　　　　8 :

⇨ 공배수 ＿＿＿＿＿＿＿

　최소공배수 ＿＿＿＿＿

④ (5, 10) ⇨ 5 :

　　　　　　10 :

⇨ 공배수 ＿＿＿＿＿＿＿

　최소공배수 ＿＿＿＿＿

⑤ (6, 9) ⇨ 6 :

　　　　　　9 :

⇨ 공배수 ＿＿＿＿＿＿＿

　최소공배수 ＿＿＿＿＿

⑥ (14, 7) ⇨ 14 :

　　　　　　7 :

⇨ 공배수 ＿＿＿＿＿＿＿

　최소공배수 ＿＿＿＿＿

⑦ (10, 20) ⇨ 10 :

　　　　　　20 :

⇨ 공배수 ＿＿＿＿＿＿＿

　최소공배수 ＿＿＿＿＿

⑧ (24, 12) ⇨ 24 :

　　　　　　12 :

⇨ 공배수 ＿＿＿＿＿＿＿

　최소공배수 ＿＿＿＿＿

●표준완성시간 : 3~4분

날짜	월	일
시간	분	초
오답 수		/ 7

공배수와 최소공배수

★ 두 수의 최소공배수를 구하고, 공배수를 가장 작은 수부터 3개 쓰시오.

① (2, 4) ⇨   )_____   ⇨ 최소공배수 _____

　　　　　　　　　　　　　　　　　　　　　　　　　　공배수 _____

② (3, 12) ⇨   )_____   ⇨ 최소공배수 _____

　　　　　　　　　　　　　　　　　　　　　　　　　　공배수 _____

③ (6, 14) ⇨   )_____   ⇨ 최소공배수 _____

　　　　　　　　　　　　　　　　　　　　　　　　　　공배수 _____

④ (12, 10) ⇨   )_____   ⇨ 최소공배수 _____

　　　　　　　　　　　　　　　　　　　　　　　　　　공배수 _____

⑤ (8, 24) ⇨   )_____   ⇨ 최소공배수 _____

　　　　　　　　　　　　　　　　　　　　　　　　　　공배수 _____

⑥ (21, 15) ⇨   )_____   ⇨ 최소공배수 _____

　　　　　　　　　　　　　　　　　　　　　　　　　　공배수 _____

⑦ (16, 20) ⇨   )_____   ⇨ 최소공배수 _____

　　　　　　　　　　　　　　　　　　　　　　　　　　공배수 _____

공배수와 최소공배수

★ 두 수의 공배수를 가장 작은 수부터 3개 쓰고, 최소공배수를 구하시오.

① (2, 6) ⇨ 2 :

　　　　　　 6 :

　　　　⇨ 공배수 ＿＿＿＿＿＿＿

　　　　　　최소공배수 ＿＿＿＿＿

② (3, 5) ⇨ 3 :

　　　　　　 5 :

　　　　⇨ 공배수 ＿＿＿＿＿＿＿

　　　　　　최소공배수 ＿＿＿＿＿

③ (4, 12) ⇨ 4 :

　　　　　　 12 :

　　　　⇨ 공배수 ＿＿＿＿＿＿＿

　　　　　　최소공배수 ＿＿＿＿＿

④ (8, 16) ⇨ 8 :

　　　　　　 16 :

　　　　⇨ 공배수 ＿＿＿＿＿＿＿

　　　　　　최소공배수 ＿＿＿＿＿

⑤ (7, 21) ⇨ 7 :

　　　　　　 21 :

　　　　⇨ 공배수 ＿＿＿＿＿＿＿

　　　　　　최소공배수 ＿＿＿＿＿

⑥ (18, 9) ⇨ 18 :

　　　　　　 9 :

　　　　⇨ 공배수 ＿＿＿＿＿＿＿

　　　　　　최소공배수 ＿＿＿＿＿

⑦ (30, 10) ⇨ 30 :

　　　　　　 10 :

　　　　⇨ 공배수 ＿＿＿＿＿＿＿

　　　　　　최소공배수 ＿＿＿＿＿

⑧ (11, 22) ⇨ 11 :

　　　　　　 22 :

　　　　⇨ 공배수 ＿＿＿＿＿＿＿

　　　　　　최소공배수 ＿＿＿＿＿

●표준완성시간 : 3~4분

날짜	월	일
시간	분	초
오답 수		/ 7

공배수와 최소공배수

★ 두 수의 최소공배수를 구하고, 공배수를 가장 작은 수부터 3개 쓰시오.

① (6, 8) ⇨   )_____   ⇨ 최소공배수 _____

　　　　　　　　　　　　　　　　　　　　　　　　　공배수 _____

② (3, 15) ⇨   )_____   ⇨ 최소공배수 _____

　　　　　　　　　　　　　　　　　　　　　　　　　공배수 _____

③ (8, 10) ⇨   )_____   ⇨ 최소공배수 _____

　　　　　　　　　　　　　　　　　　　　　　　　　공배수 _____

④ (6, 18) ⇨   )_____   ⇨ 최소공배수 _____

　　　　　　　　　　　　　　　　　　　　　　　　　공배수 _____

⑤ (24, 9) ⇨   )_____   ⇨ 최소공배수 _____

　　　　　　　　　　　　　　　　　　　　　　　　　공배수 _____

⑥ (12, 16) ⇨   )_____   ⇨ 최소공배수 _____

　　　　　　　　　　　　　　　　　　　　　　　　　공배수 _____

⑦ (28, 21) ⇨   )_____   ⇨ 최소공배수 _____

　　　　　　　　　　　　　　　　　　　　　　　　　공배수 _____

공배수와 최소공배수

★ 두 수의 공배수를 가장 작은 수부터 3개 쓰고, 최소공배수를 구하시오.

① (2, 8) ⇨ 2 :

　　　　　　8 :

⇨ 공배수 ＿＿＿＿＿＿＿

　　최소공배수 ＿＿＿＿＿

② (4, 6) ⇨ 4 :

　　　　　　6 :

⇨ 공배수 ＿＿＿＿＿＿＿

　　최소공배수 ＿＿＿＿＿

③ (15, 5) ⇨ 15 :

　　　　　　5 :

⇨ 공배수 ＿＿＿＿＿＿＿

　　최소공배수 ＿＿＿＿＿

④ (10, 4) ⇨ 10 :

　　　　　　4 :

⇨ 공배수 ＿＿＿＿＿＿＿

　　최소공배수 ＿＿＿＿＿

⑤ (9, 27) ⇨ 9 :

　　　　　　27 :

⇨ 공배수 ＿＿＿＿＿＿＿

　　최소공배수 ＿＿＿＿＿

⑥ (12, 15) ⇨ 12 :

　　　　　　15 :

⇨ 공배수 ＿＿＿＿＿＿＿

　　최소공배수 ＿＿＿＿＿

⑦ (28, 14) ⇨ 28 :

　　　　　　14 :

⇨ 공배수 ＿＿＿＿＿＿＿

　　최소공배수 ＿＿＿＿＿

⑧ (16, 24) ⇨ 16 :

　　　　　　24 :

⇨ 공배수 ＿＿＿＿＿＿＿

　　최소공배수 ＿＿＿＿＿

공배수와 최소공배수

★ 두 수의 최소공배수를 구하고, 공배수를 가장 작은 수부터 3개 쓰시오.

① (6, 10) ⇨ _____)_____   ⇨ 최소공배수 _____

공배수 _____

② (4, 14) ⇨ _____)_____   ⇨ 최소공배수 _____

공배수 _____

③ (20, 8) ⇨ _____)_____   ⇨ 최소공배수 _____

공배수 _____

④ (25, 10) ⇨ _____)_____   ⇨ 최소공배수 _____

공배수 _____

⑤ (16, 28) ⇨ _____)_____   ⇨ 최소공배수 _____

공배수 _____

⑥ (27, 18) ⇨ _____)_____   ⇨ 최소공배수 _____

공배수 _____

⑦ (15, 30) ⇨ _____)_____   ⇨ 최소공배수 _____

공배수 _____

공배수와 최소공배수

● 표준완성시간 : 3~4분

날짜	월	일
시간	분	초
오답 수		/ 8

A형

★ 두 수의 공배수를 가장 작은 수부터 3개 쓰고, 최소공배수를 구하시오.

① (3, 9) ⇨ 3 :

9 :

⇨ 공배수 _____

최소공배수 _____

② (4, 5) ⇨ 4 :

5 :

⇨ 공배수 _____

최소공배수 _____

③ (12, 8) ⇨ 12 :

8 :

⇨ 공배수 _____

최소공배수 _____

④ (10, 15) ⇨ 10 :

15 :

⇨ 공배수 _____

최소공배수 _____

⑤ (18, 6) ⇨ 18 :

6 :

⇨ 공배수 _____

최소공배수 _____

⑥ (14, 21) ⇨ 14 :

21 :

⇨ 공배수 _____

최소공배수 _____

⑦ (33, 22) ⇨ 33 :

22 :

⇨ 공배수 _____

최소공배수 _____

⑧ (16, 32) ⇨ 16 :

32 :

⇨ 공배수 _____

최소공배수 _____

공배수와 최소공배수

★ 두 수의 최소공배수를 구하고, 공배수를 가장 작은 수부터 3개 쓰시오.

① (2, 14) ⇨ _____) _____   ⇨ 최소공배수 _____

공배수 _____

② (9, 15) ⇨ _____) _____   ⇨ 최소공배수 _____

공배수 _____

③ (18, 8) ⇨ _____) _____   ⇨ 최소공배수 _____

공배수 _____

④ (12, 20) ⇨ _____) _____   ⇨ 최소공배수 _____

공배수 _____

⑤ (24, 10) ⇨ _____) _____   ⇨ 최소공배수 _____

공배수 _____

⑥ (21, 35) ⇨ _____) _____   ⇨ 최소공배수 _____

공배수 _____

⑦ (32, 36) ⇨ _____) _____   ⇨ 최소공배수 _____

공배수 _____

5일차

공배수와 최소공배수

● 표준완성시간 : 3~4분

날짜	월	일
시간	분	초
오답 수		/ 8

A형

★ 두 수의 공배수를 가장 작은 수부터 3개 쓰고, 최소공배수를 구하시오.

① (2, 5) ⇨ 2 :

　　　　　　5 :

⇨ 공배수 _____

　최소공배수 _____

② (3, 4) ⇨ 3 :

　　　　　　4 :

⇨ 공배수 _____

　최소공배수 _____

③ (10, 8) ⇨ 10 :

　　　　　　8 :

⇨ 공배수 _____

　최소공배수 _____

④ (16, 4) ⇨ 16 :

　　　　　　4 :

⇨ 공배수 _____

　최소공배수 _____

⑤ (15, 18) ⇨ 15 :

　　　　　　18 :

⇨ 공배수 _____

　최소공배수 _____

⑥ (20, 30) ⇨ 20 :

　　　　　　30 :

⇨ 공배수 _____

　최소공배수 _____

⑦ (32, 24) ⇨ 32 :

　　　　　　24 :

⇨ 공배수 _____

　최소공배수 _____

⑧ (22, 44) ⇨ 22 :

　　　　　　44 :

⇨ 공배수 _____

　최소공배수 _____

B형

날짜	월	일
시간	분	초
오답 수		/ 7

공배수와 최소공배수

★ 두 수의 최소공배수를 구하고, 공배수를 가장 작은 수부터 3개 쓰시오.

① (6, 15) ⇨)_____

⇨ 최소공배수 _____

공배수 _____

② (12, 9) ⇨)_____

⇨ 최소공배수 _____

공배수 _____

③ (10, 16) ⇨)_____

⇨ 최소공배수 _____

공배수 _____

④ (24, 36) ⇨)_____

⇨ 최소공배수 _____

공배수 _____

⑤ (40, 25) ⇨)_____

⇨ 최소공배수 _____

공배수 _____

⑥ (27, 45) ⇨)_____

⇨ 최소공배수 _____

공배수 _____

⑦ (42, 28) ⇨)_____

⇨ 최소공배수 _____

공배수 _____

084단계 최대공약수와 최소공배수

● **결과 기록지**

① 1~5일차 학습에 걸린 시간을 각각 재서 그래프에 점을 찍습니다.

② 점과 점을 연결하여 기록의 변화를 확인합니다.

③ 오답 수를 세어 오답 수 칸에 씁니다.

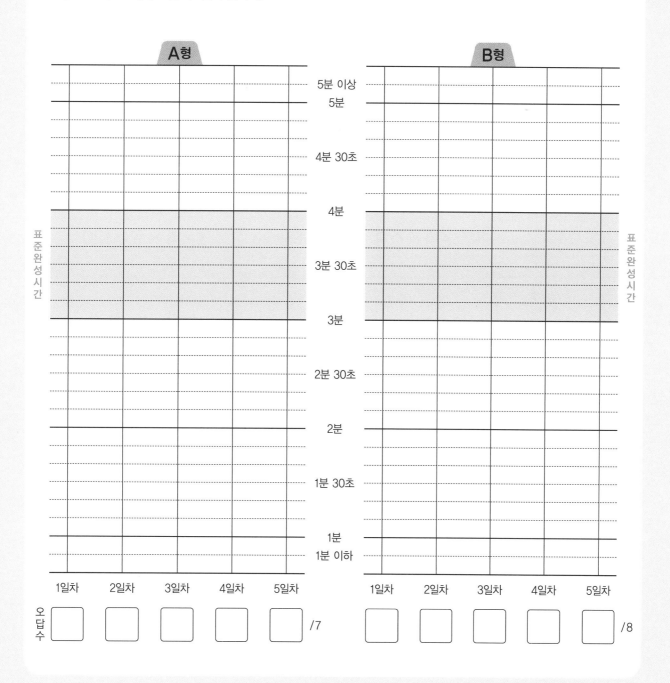

최대공약수와 최소공배수

● **최대공약수와 최소공배수**

두 수의 공약수 중에서 가장 큰 수를 최대공약수라 하고, 두 수의 공배수 중에서 가장 작은 수를 최소공배수라고 합니다.

● **곱셈식을 이용하여 최대공약수와 최소공배수 구하기**

두 수를 1이 아닌 가장 작은 수들의 곱으로 나타냅니다. 곱셈식에서 공통으로 들어 있는 수들의 곱이 최대공약수이고, 공통으로 들어 있는 수들의 곱에 나머지 수들을 곱한 것이 최소공배수입니다.

> **보기**
>
> $(24, 30) \Rightarrow 24 = 2 \times 3 \times 4$ $\Rightarrow$ 최대공약수 $\quad 2 \times 3 = 6$
> $\qquad\qquad\quad 30 = 2 \times 3 \times 5$ 최소공배수 $\ 2 \times 3 \times 4 \times 5 = 120$

● **공약수로 나누어 최대공약수와 최소공배수 구하기**

두 수를 공약수로 나누어지지 않을 때까지 계속 나눕니다. 이때 두 수의 공약수의 곱이 최대공약수이고, 공약수와 나머지 수들을 곱한 것이 최소공배수입니다.

> **보기**
>
> $(24, 30) \Rightarrow$ 24와 30의 공약수 $\leftarrow$ $2 \,)\, \underline{24 \quad 30}$
> $\qquad\qquad\qquad\quad$ 12와 15의 공약수 $\leftarrow$ $3 \,)\, \underline{12 \quad 15}$
> $\qquad\qquad\qquad\qquad\qquad\qquad\qquad\ \ 4 \qquad 5 \rightarrow$ 공약수가 1뿐인 두 수
>
> $\qquad\qquad\quad \Rightarrow$ 최대공약수 $\quad 2 \times 3 = 6$
> $\qquad\qquad\qquad\quad$ 최소공배수 $\ 2 \times 3 \times 4 \times 5 = 120$

1일차 최대공약수와 최소공배수

★ 두 수의 최대공약수와 최소공배수를 구하시오.

① (4, 8) ⇨ 4 =

8 =

⇨ 최대공약수 _____

최소공배수 _____

② (6, 15) ⇨ 6 =

15 =

⇨ 최대공약수 _____

최소공배수 _____

③ (12, 18) ⇨ 12 =

18 =

⇨ 최대공약수 _____

최소공배수 _____

④ (21, 9) ⇨ 21 =

9 =

⇨ 최대공약수 _____

최소공배수 _____

⑤ (10, 25) ⇨ 10 =

25 =

⇨ 최대공약수 _____

최소공배수 _____

⑥ (20, 24) ⇨ 20 =

24 =

⇨ 최대공약수 _____

최소공배수 _____

⑦ (35, 14) ⇨ 35 =

14 =

⇨ 최대공약수 _____

최소공배수 _____

최대공약수와 최소공배수

★ 두 수의 최대공약수와 최소공배수를 구하시오.

① $)\overline{3\quad 6}$

　⇨ 최대공약수 ＿＿＿＿＿

　　최소공배수 ＿＿＿＿＿

② $)\overline{4\quad 10}$

　⇨ 최대공약수 ＿＿＿＿＿

　　최소공배수 ＿＿＿＿＿

③ $)\overline{7\quad 21}$

　⇨ 최대공약수 ＿＿＿＿＿

　　최소공배수 ＿＿＿＿＿

④ $)\overline{12\quad 16}$

　⇨ 최대공약수 ＿＿＿＿＿

　　최소공배수 ＿＿＿＿＿

⑤ $)\overline{18\quad 27}$

　⇨ 최대공약수 ＿＿＿＿＿

　　최소공배수 ＿＿＿＿＿

⑥ $)\overline{15\quad 30}$

　⇨ 최대공약수 ＿＿＿＿＿

　　최소공배수 ＿＿＿＿＿

⑦ $)\overline{20\quad 32}$

　⇨ 최대공약수 ＿＿＿＿＿

　　최소공배수 ＿＿＿＿＿

⑧ $)\overline{36\quad 54}$

　⇨ 최대공약수 ＿＿＿＿＿

　　최소공배수 ＿＿＿＿＿

최대공약수와 최소공배수

★ 두 수의 최대공약수와 최소공배수를 구하시오.

① (6, 9) ⇨ 6 =

　　　　　　　9 =

⇨ 최대공약수 _____

　　최소공배수 _____

② (8, 24) ⇨ 8 =

　　　　　　　24 =

⇨ 최대공약수 _____

　　최소공배수 _____

③ (18, 10) ⇨ 18 =

　　　　　　　10 =

⇨ 최대공약수 _____

　　최소공배수 _____

④ (30, 12) ⇨ 30 =

　　　　　　　12 =

⇨ 최대공약수 _____

　　최소공배수 _____

⑤ (25, 40) ⇨ 25 =

　　　　　　　40 =

⇨ 최대공약수 _____

　　최소공배수 _____

⑥ (28, 36) ⇨ 28 =

　　　　　　　36 =

⇨ 최대공약수 _____

　　최소공배수 _____

⑦ (20, 50) ⇨ 20 =

　　　　　　　50 =

⇨ 최대공약수 _____

　　최소공배수 _____

최대공약수와 최소공배수

★ 두 수의 최대공약수와 최소공배수를 구하시오.

①) 2   10

⇨ 최대공약수 _____

최소공배수 _____

②) 5   15

⇨ 최대공약수 _____

최소공배수 _____

③) 9   36

⇨ 최대공약수 _____

최소공배수 _____

④) 12   28

⇨ 최대공약수 _____

최소공배수 _____

⑤) 20   30

⇨ 최대공약수 _____

최소공배수 _____

⑥) 11   33

⇨ 최대공약수 _____

최소공배수 _____

⑦) 16   48

⇨ 최대공약수 _____

최소공배수 _____

⑧) 14   56

⇨ 최대공약수 _____

최소공배수 _____

최대공약수와 최소공배수

★ 두 수의 최대공약수와 최소공배수를 구하시오.

① (4, 18) ⇨ 4 =

　18 =

⇨ 최대공약수 ＿＿＿＿＿

　최소공배수 ＿＿＿＿＿

② (24, 9) ⇨ 24 =

　9 =

⇨ 최대공약수 ＿＿＿＿＿

　최소공배수 ＿＿＿＿＿

③ (16, 20) ⇨ 16 =

　20 =

⇨ 최대공약수 ＿＿＿＿＿

　최소공배수 ＿＿＿＿＿

④ (28, 21) ⇨ 28 =

　21 =

⇨ 최대공약수 ＿＿＿＿＿

　최소공배수 ＿＿＿＿＿

⑤ (40, 32) ⇨ 40 =

　32 =

⇨ 최대공약수 ＿＿＿＿＿

　최소공배수 ＿＿＿＿＿

⑥ (36, 45) ⇨ 36 =

　45 =

⇨ 최대공약수 ＿＿＿＿＿

　최소공배수 ＿＿＿＿＿

⑦ (30, 54) ⇨ 30 =

　54 =

⇨ 최대공약수 ＿＿＿＿＿

　최소공배수 ＿＿＿＿＿

B 형

최대공약수와 최소공배수

★ 두 수의 최대공약수와 최소공배수를 구하시오.

①   ) 6   15

⇨ 최대공약수 _____

최소공배수 _____

②   ) 8   16

⇨ 최대공약수 _____

최소공배수 _____

③   ) 12   18

⇨ 최대공약수 _____

최소공배수 _____

④   ) 24   30

⇨ 최대공약수 _____

최소공배수 _____

⑤   ) 27   36

⇨ 최대공약수 _____

최소공배수 _____

⑥   ) 26   39

⇨ 최대공약수 _____

최소공배수 _____

⑦   ) 35   65

⇨ 최대공약수 _____

최소공배수 _____

⑧   ) 48   64

⇨ 최대공약수 _____

최소공배수 _____

최대공약수와 최소공배수

★ 두 수의 최대공약수와 최소공배수를 구하시오.

① (8, 20) ⇨ 8 =

　　　　　　20 =

⇨ 최대공약수 _____

　　최소공배수 _____

② (25, 10) ⇨ 25 =

　　　　　　10 =

⇨ 최대공약수 _____

　　최소공배수 _____

③ (12, 36) ⇨ 12 =

　　　　　　36 =

⇨ 최대공약수 _____

　　최소공배수 _____

④ (22, 33) ⇨ 22 =

　　　　　　33 =

⇨ 최대공약수 _____

　　최소공배수 _____

⑤ (42, 14) ⇨ 42 =

　　　　　　14 =

⇨ 최대공약수 _____

　　최소공배수 _____

⑥ (48, 30) ⇨ 48 =

　　　　　　30 =

⇨ 최대공약수 _____

　　최소공배수 _____

⑦ (45, 63) ⇨ 45 =

　　　　　　63 =

⇨ 최대공약수 _____

　　최소공배수 _____

최대공약수와 최소공배수

★ 두 수의 최대공약수와 최소공배수를 구하시오.

① $\quad$) 9 36

⇨ 최대공약수 _____

　최소공배수 _____

② $\quad$) 10 30

⇨ 최대공약수 _____

　최소공배수 _____

③ $\quad$) 16 32

⇨ 최대공약수 _____

　최소공배수 _____

④ $\quad$) 20 48

⇨ 최대공약수 _____

　최소공배수 _____

⑤ $\quad$) 24 40

⇨ 최대공약수 _____

　최소공배수 _____

⑥ $\quad$) 34 51

⇨ 최대공약수 _____

　최소공배수 _____

⑦ $\quad$) 28 56

⇨ 최대공약수 _____

　최소공배수 _____

⑧ $\quad$) 36 54

⇨ 최대공약수 _____

　최소공배수 _____

최대공약수와 최소공배수

★ 두 수의 최대공약수와 최소공배수를 구하시오.

① (15, 9) ⇨ 15 =

　　　　　　 9 =

⇨ 최대공약수 ＿＿＿＿＿

　 최소공배수 ＿＿＿＿＿

② (12, 18) ⇨ 12 =

　　　　　　 18 =

⇨ 최대공약수 ＿＿＿＿＿

　 최소공배수 ＿＿＿＿＿

③ (24, 32) ⇨ 24 =

　　　　　　 32 =

⇨ 최대공약수 ＿＿＿＿＿

　 최소공배수 ＿＿＿＿＿

④ (39, 26) ⇨ 39 =

　　　　　　 26 =

⇨ 최대공약수 ＿＿＿＿＿

　 최소공배수 ＿＿＿＿＿

⑤ (27, 45) ⇨ 27 =

　　　　　　 45 =

⇨ 최대공약수 ＿＿＿＿＿

　 최소공배수 ＿＿＿＿＿

⑥ (35, 49) ⇨ 35 =

　　　　　　 49 =

⇨ 최대공약수 ＿＿＿＿＿

　 최소공배수 ＿＿＿＿＿

⑦ (72, 56) ⇨ 72 =

　　　　　　 56 =

⇨ 최대공약수 ＿＿＿＿＿

　 최소공배수 ＿＿＿＿＿

날짜	월 일
시간	분 초
오답 수	/ 8

최대공약수와 최소공배수

★ 두 수의 최대공약수와 최소공배수를 구하시오.

①)8 10

⇨ 최대공약수 _____

최소공배수 _____

⑤)12 48

⇨ 최대공약수 _____

최소공배수 _____

②)16 24

⇨ 최대공약수 _____

최소공배수 _____

⑥)36 60

⇨ 최대공약수 _____

최소공배수 _____

③)20 28

⇨ 최대공약수 _____

최소공배수 _____

⑦)39 65

⇨ 최대공약수 _____

최소공배수 _____

④)25 40

⇨ 최대공약수 _____

최소공배수 _____

⑧)42 63

⇨ 최대공약수 _____

최소공배수 _____

085단계 약분

● **결과 기록지**

① 1~5일차 학습에 걸린 시간을 각각 재서 그래프에 점을 찍습니다.
② 점과 점을 연결하여 기록의 변화를 확인합니다.
③ 오답 수를 세어 오답 수 칸에 씁니다.

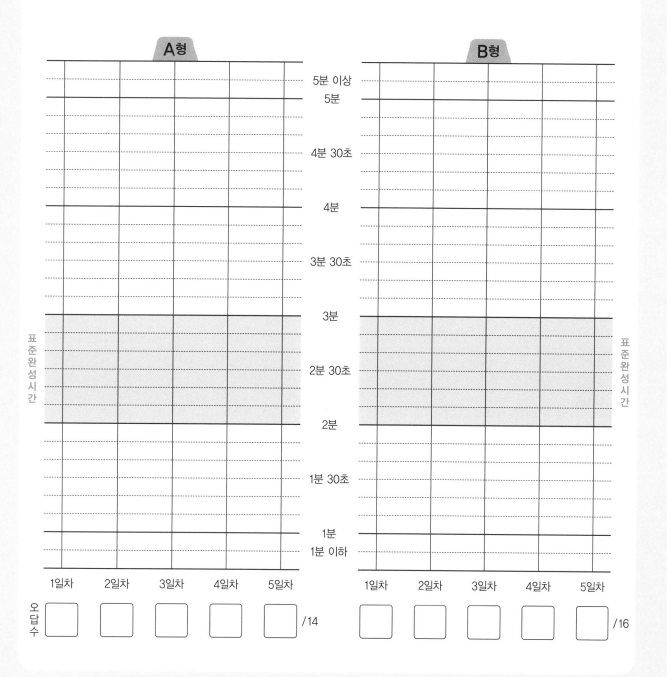

약분

● 약분

분모와 분자를 그들의 공약수로 나누어 간단히 하는 것을 약분한다고 합니다.

● $\dfrac{16}{24}$ 을 약분하기

24와 16의 공약수가 1, 2, 4, 8이므로 $\dfrac{16}{24}$ 의 분모와 분자를 각각 2, 4, 8로 나눕니다.

> 보기
>
> $$\frac{16}{24} = \frac{16 \div 2}{24 \div 2} = \frac{8}{12}, \quad \frac{16}{24} = \frac{16 \div 4}{24 \div 4} = \frac{4}{6}, \quad \frac{16}{24} = \frac{16 \div 8}{24 \div 8} = \frac{2}{3}$$

분모와 분자를 같은 수로 나누어 크기가 같고 분모가 작은 분수를 만들면 분수의 계산 과정을 좀 더 편리하게 해 줍니다.

● 기약분수

분모와 분자의 공약수가 1뿐인 분수를 기약분수라고 합니다.

● $\dfrac{16}{24}$ 을 기약분수로 나타내기

24와 16의 최대공약수는 8이므로 $\dfrac{16}{24}$ 의 분모와 분자를 각각 8로 나눕니다.

> 보기
>
> $$\frac{16}{24} = \frac{16 \div 8}{24 \div 8} = \frac{2}{3}, \quad \frac{\overset{2}{\cancel{16}}}{\underset{3}{\cancel{24}}} = \frac{2}{3}$$

분모와 분자를 두 수의 최대공약수로 나누면 여러 번 나누지 않고 분수를 한 번에 기약분수로 나타낼 수 있습니다.

약분

★ 분수를 약분하시오.

① $\dfrac{2}{4} \Rightarrow \dfrac{\boxed{}}{2}$

② $\dfrac{10}{15} \Rightarrow \dfrac{\boxed{}}{3}$

③ $\dfrac{9}{18} \Rightarrow \dfrac{\boxed{}}{6} , \dfrac{\boxed{}}{2}$

④ $\dfrac{20}{24} \Rightarrow \dfrac{\boxed{}}{12} , \dfrac{\boxed{}}{6}$

⑤ $\dfrac{15}{25} \Rightarrow \dfrac{\boxed{}}{5}$

⑥ $\dfrac{24}{32} \Rightarrow \dfrac{\boxed{}}{16} , \dfrac{\boxed{}}{8} , \dfrac{\boxed{}}{4}$

⑦ $\dfrac{30}{36} \Rightarrow \dfrac{\boxed{}}{18} , \dfrac{\boxed{}}{12} , \dfrac{\boxed{}}{6}$

⑧ $\dfrac{3}{9} \Rightarrow \dfrac{1}{\boxed{}}$

⑨ $\dfrac{6}{12} \Rightarrow \dfrac{3}{\boxed{}} , \dfrac{2}{\boxed{}} , \dfrac{1}{\boxed{}}$

⑩ $\dfrac{8}{16} \Rightarrow \dfrac{4}{\boxed{}} , \dfrac{2}{\boxed{}} , \dfrac{1}{\boxed{}}$

⑪ $\dfrac{12}{20} \Rightarrow \dfrac{6}{\boxed{}} , \dfrac{3}{\boxed{}}$

⑫ $\dfrac{18}{28} \Rightarrow \dfrac{9}{\boxed{}}$

⑬ $\dfrac{6}{30} \Rightarrow \dfrac{3}{\boxed{}} , \dfrac{2}{\boxed{}} , \dfrac{1}{\boxed{}}$

⑭ $\dfrac{21}{35} \Rightarrow \dfrac{3}{\boxed{}}$

B형

약분

★ 분수를 기약분수로 나타내시오.

① $\dfrac{4}{6} =$

② $\dfrac{6}{15} =$

③ $\dfrac{12}{18} =$

④ $\dfrac{9}{21} =$

⑤ $\dfrac{16}{24} =$

⑥ $\dfrac{8}{28} =$

⑦ $\dfrac{15}{30} =$

⑧ $\dfrac{10}{34} =$

⑨ $\dfrac{18}{39} =$

⑩ $\dfrac{11}{44} =$

⑪ $\dfrac{20}{48} =$

⑫ $\dfrac{14}{49} =$

⑬ $\dfrac{25}{50} =$

⑭ $\dfrac{27}{54} =$

⑮ $\dfrac{32}{56} =$

⑯ $\dfrac{24}{68} =$

약분

★ 분수를 약분하시오.

① $\dfrac{3}{6} \Rightarrow \dfrac{\boxed{}}{2}$

② $\dfrac{4}{10} \Rightarrow \dfrac{\boxed{}}{5}$

③ $\dfrac{8}{12} \Rightarrow \dfrac{\boxed{}}{6}, \dfrac{\boxed{}}{3}$

④ $\dfrac{10}{20} \Rightarrow \dfrac{\boxed{}}{10}, \dfrac{\boxed{}}{4}, \dfrac{\boxed{}}{2}$

⑤ $\dfrac{15}{33} \Rightarrow \dfrac{\boxed{}}{11}$

⑥ $\dfrac{20}{36} \Rightarrow \dfrac{\boxed{}}{18}, \dfrac{\boxed{}}{9}$

⑦ $\dfrac{21}{49} \Rightarrow \dfrac{\boxed{}}{7}$

⑧ $\dfrac{2}{8} \Rightarrow \dfrac{1}{\boxed{}}$

⑨ $\dfrac{7}{14} \Rightarrow \dfrac{1}{\boxed{}}$

⑩ $\dfrac{9}{15} \Rightarrow \dfrac{3}{\boxed{}}$

⑪ $\dfrac{12}{16} \Rightarrow \dfrac{6}{\boxed{}}, \dfrac{3}{\boxed{}}$

⑫ $\dfrac{14}{26} \Rightarrow \dfrac{7}{\boxed{}}$

⑬ $\dfrac{25}{40} \Rightarrow \dfrac{5}{\boxed{}}$

⑭ $\dfrac{18}{48} \Rightarrow \dfrac{9}{\boxed{}}, \dfrac{6}{\boxed{}}, \dfrac{3}{\boxed{}}$

약분

★ 분수를 기약분수로 나타내시오.

① $\dfrac{6}{8} =$

② $\dfrac{10}{12} =$

③ $\dfrac{4}{16} =$

④ $\dfrac{15}{21} =$

⑤ $\dfrac{9}{27} =$

⑥ $\dfrac{14}{28} =$

⑦ $\dfrac{8}{32} =$

⑧ $\dfrac{20}{35} =$

⑨ $\dfrac{12}{36} =$

⑩ $\dfrac{18}{40} =$

⑪ $\dfrac{30}{45} =$

⑫ $\dfrac{35}{49} =$

⑬ $\dfrac{17}{51} =$

⑭ $\dfrac{16}{52} =$

⑮ $\dfrac{36}{60} =$

⑯ $\dfrac{42}{63} =$

★ 분수를 약분하시오.

① $\dfrac{5}{10} \Rightarrow \dfrac{\square}{2}$

② $\dfrac{4}{16} \Rightarrow \dfrac{\square}{8} , \dfrac{\square}{4}$

③ $\dfrac{16}{28} \Rightarrow \dfrac{\square}{14} , \dfrac{\square}{7}$

④ $\dfrac{14}{35} \Rightarrow \dfrac{\square}{5}$

⑤ $\dfrac{24}{40} \Rightarrow \dfrac{\square}{20} , \dfrac{\square}{10} , \dfrac{\square}{5}$

⑥ $\dfrac{32}{48} \Rightarrow \dfrac{\square}{24} , \dfrac{\square}{12} , \dfrac{\square}{6} , \dfrac{\square}{3}$

⑦ $\dfrac{35}{56} \Rightarrow \dfrac{\square}{8}$

⑧ $\dfrac{2}{6} \Rightarrow \dfrac{1}{\square}$

⑨ $\dfrac{8}{20} \Rightarrow \dfrac{4}{\square} , \dfrac{2}{\square}$

⑩ $\dfrac{18}{24} \Rightarrow \dfrac{9}{\square} , \dfrac{6}{\square} , \dfrac{3}{\square}$

⑪ $\dfrac{20}{32} \Rightarrow \dfrac{10}{\square} , \dfrac{5}{\square}$

⑫ $\dfrac{9}{42} \Rightarrow \dfrac{3}{\square}$

⑬ $\dfrac{20}{50} \Rightarrow \dfrac{10}{\square} , \dfrac{4}{\square} , \dfrac{2}{\square}$

⑭ $\dfrac{45}{63} \Rightarrow \dfrac{15}{\square} , \dfrac{5}{\square}$

약분

★ 분수를 기약분수로 나타내시오.

① $\dfrac{9}{12} =$

② $\dfrac{6}{14} =$

③ $\dfrac{5}{20} =$

④ $\dfrac{10}{24} =$

⑤ $\dfrac{18}{27} =$

⑥ $\dfrac{12}{30} =$

⑦ $\dfrac{21}{33} =$

⑧ $\dfrac{28}{36} =$

⑨ $\dfrac{14}{42} =$

⑩ $\dfrac{27}{45} =$

⑪ $\dfrac{30}{50} =$

⑫ $\dfrac{36}{54} =$

⑬ $\dfrac{49}{56} =$

⑭ $\dfrac{42}{60} =$

⑮ $\dfrac{24}{66} =$

⑯ $\dfrac{54}{72} =$

★ 분수를 약분하시오.

① $\dfrac{3}{9} \Rightarrow \dfrac{\square}{3}$

⑧ $\dfrac{10}{14} \Rightarrow \dfrac{5}{\square}$

② $\dfrac{4}{12} \Rightarrow \dfrac{\square}{6} , \dfrac{\square}{3}$

⑨ $\dfrac{6}{18} \Rightarrow \dfrac{3}{\square} , \dfrac{2}{\square} , \dfrac{1}{\square}$

③ $\dfrac{12}{22} \Rightarrow \dfrac{\square}{11}$

⑩ $\dfrac{20}{25} \Rightarrow \dfrac{4}{\square}$

④ $\dfrac{16}{34} \Rightarrow \dfrac{\square}{17}$

⑪ $\dfrac{18}{30} \Rightarrow \dfrac{9}{\square} , \dfrac{6}{\square} , \dfrac{3}{\square}$

⑤ $\dfrac{28}{42} \Rightarrow \dfrac{\square}{21} , \dfrac{\square}{6} , \dfrac{\square}{3}$

⑫ $\dfrac{27}{36} \Rightarrow \dfrac{9}{\square} , \dfrac{3}{\square}$

⑥ $\dfrac{32}{60} \Rightarrow \dfrac{\square}{30} , \dfrac{\square}{15}$

⑬ $\dfrac{36}{51} \Rightarrow \dfrac{12}{\square}$

⑦ $\dfrac{24}{64} \Rightarrow \dfrac{\square}{32} , \dfrac{\square}{16} , \dfrac{\square}{8}$

⑭ $\dfrac{35}{70} \Rightarrow \dfrac{7}{\square} , \dfrac{5}{\square} , \dfrac{1}{\square}$

약분

★ 분수를 기약분수로 나타내시오.

① $\dfrac{8}{10} =$

② $\dfrac{3}{18} =$

③ $\dfrac{14}{21} =$

④ $\dfrac{12}{26} =$

⑤ $\dfrac{28}{32} =$

⑥ $\dfrac{17}{34} =$

⑦ $\dfrac{15}{39} =$

⑧ $\dfrac{16}{40} =$

⑨ $\dfrac{18}{42} =$

⑩ $\dfrac{24}{51} =$

⑪ $\dfrac{40}{56} =$

⑫ $\dfrac{36}{63} =$

⑬ $\dfrac{26}{65} =$

⑭ $\dfrac{50}{75} =$

⑮ $\dfrac{21}{84} =$

⑯ $\dfrac{54}{90} =$

★ 분수를 약분하시오.

① $\dfrac{4}{8} \Rightarrow \dfrac{\boxed{}}{4}, \dfrac{\boxed{}}{2}$

⑧ $\dfrac{6}{9} \Rightarrow \dfrac{2}{\boxed{}}$

② $\dfrac{12}{15} \Rightarrow \dfrac{\boxed{}}{5}$

⑨ $\dfrac{15}{20} \Rightarrow \dfrac{3}{\boxed{}}$

③ $\dfrac{8}{24} \Rightarrow \dfrac{\boxed{}}{12}, \dfrac{\boxed{}}{6}, \dfrac{\boxed{}}{3}$

⑩ $\dfrac{20}{28} \Rightarrow \dfrac{10}{\boxed{}}, \dfrac{5}{\boxed{}}$

④ $\dfrac{16}{32} \Rightarrow \dfrac{\boxed{}}{16}, \dfrac{\boxed{}}{8}, \dfrac{\boxed{}}{4}, \dfrac{\boxed{}}{2}$

⑪ $\dfrac{32}{36} \Rightarrow \dfrac{16}{\boxed{}}, \dfrac{8}{\boxed{}}$

⑤ $\dfrac{22}{44} \Rightarrow \dfrac{\boxed{}}{22}, \dfrac{\boxed{}}{4}, \dfrac{\boxed{}}{2}$

⑫ $\dfrac{16}{48} \Rightarrow \dfrac{8}{\boxed{}}, \dfrac{4}{\boxed{}}, \dfrac{2}{\boxed{}}, \dfrac{1}{\boxed{}}$

⑥ $\dfrac{32}{52} \Rightarrow \dfrac{\boxed{}}{26}, \dfrac{\boxed{}}{13}$

⑬ $\dfrac{42}{63} \Rightarrow \dfrac{14}{\boxed{}}, \dfrac{6}{\boxed{}}, \dfrac{2}{\boxed{}}$

⑦ $\dfrac{54}{72} \Rightarrow \dfrac{\boxed{}}{36}, \dfrac{\boxed{}}{24}, \dfrac{\boxed{}}{12}, \dfrac{\boxed{}}{8}, \dfrac{\boxed{}}{4}$

⑭ $\dfrac{48}{84} \Rightarrow \dfrac{24}{\boxed{}}, \dfrac{16}{\boxed{}}, \dfrac{12}{\boxed{}}, \dfrac{8}{\boxed{}}, \dfrac{4}{\boxed{}}$

약분

★ 분수를 기약분수로 나타내시오.

① $\dfrac{2}{12} =$

② $\dfrac{15}{18} =$

③ $\dfrac{6}{24} =$

④ $\dfrac{16}{26} =$

⑤ $\dfrac{24}{30} =$

⑥ $\dfrac{28}{35} =$

⑦ $\dfrac{26}{39} =$

⑧ $\dfrac{20}{44} =$

⑨ $\dfrac{36}{48} =$

⑩ $\dfrac{45}{54} =$

⑪ $\dfrac{44}{66} =$

⑫ $\dfrac{34}{68} =$

⑬ $\dfrac{42}{70} =$

⑭ $\dfrac{27}{81} =$

⑮ $\dfrac{45}{85} =$

⑯ $\dfrac{72}{96} =$

086단계 통분

● **결과 기록지**

① 1~5일차 학습에 걸린 시간을 각각 재서 그래프에 점을 찍습니다.

② 점과 점을 연결하여 기록의 변화를 확인합니다.

③ 오답 수를 세어 오답 수 칸에 씁니다.

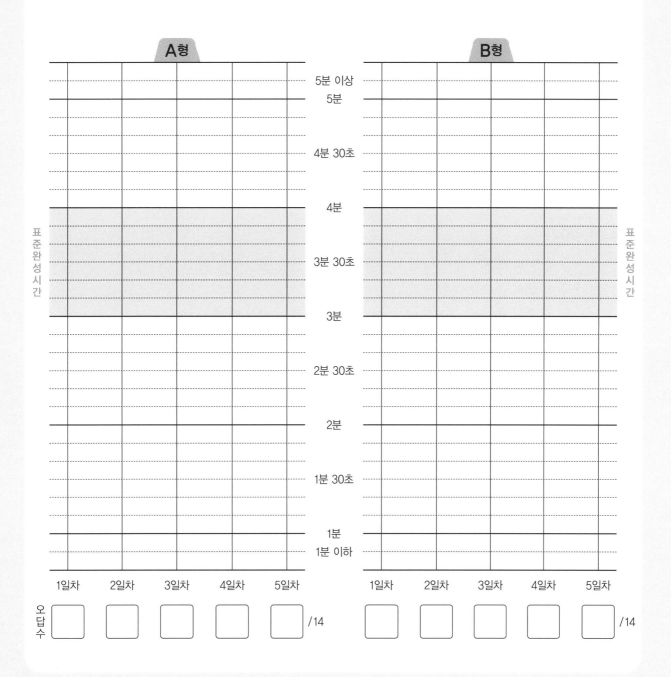

통분

● 통분

분수의 분모를 같게 하는 것을 통분한다고 하고, 통분한 분모를 공통분모라고 합니다. 분수를 통분할 때 공통분모가 될 수 있는 수는 분모의 공배수입니다.

보기

$$\frac{3}{4} = \frac{6}{8} = \frac{9}{12} = \frac{12}{16} = \frac{15}{20} = \frac{18}{24} = \cdots\cdots$$

$$\frac{5}{6} = \frac{10}{12} = \frac{15}{18} = \frac{20}{24} = \frac{25}{30} = \frac{30}{36} = \cdots\cdots$$

$$\Rightarrow \left(\frac{9}{12}, \frac{10}{12}\right), \left(\frac{18}{24}, \frac{20}{24}\right)\cdots\cdots$$

● 통분하기

두 분수를 통분할 때에는 분모의 곱이나 최소공배수를 공통분모로 하면 편리합니다.

[방법1] 두 분모의 곱으로 통분하기

　　　두 분모의 곱을 공통분모로 하여 통분할 때에는 분모끼리 서로 곱하고, 두 분자에 각각 다른 분모를 곱합니다.

[방법2] 두 분모의 최소공배수로 통분하기

　　　두 분모의 최소공배수를 공통분모로 하여 통분할 때에는 통분한 분모가 두 분모의 최소공배수가 되도록 각각의 분모에 어떤 수를 곱하고, 분자에도 같은 수를 곱합니다.

보기

[방법1] 4와 6의 곱 24로 통분하기

$$\left(\frac{3}{4}, \frac{5}{6}\right) \Rightarrow \left(\frac{3 \times 6}{4 \times 6}, \frac{5 \times 4}{6 \times 4}\right) \Rightarrow \left(\frac{18}{24}, \frac{20}{24}\right)$$

[방법2] 4와 6의 최소공배수 12로 통분하기

$$\left(\frac{3}{4}, \frac{5}{6}\right) \Rightarrow \left(\frac{3 \times 3}{4 \times 3}, \frac{5 \times 2}{6 \times 2}\right) \Rightarrow \left(\frac{9}{12}, \frac{10}{12}\right)$$

통분

★ 분모의 곱을 공통분모로 하여 두 분수를 통분하시오.

① $(\dfrac{1}{2}, \dfrac{2}{3}) \Rightarrow ($, $)$

② $(\dfrac{1}{3}, \dfrac{3}{4}) \Rightarrow ($, $)$

③ $(\dfrac{1}{4}, \dfrac{4}{5}) \Rightarrow ($, $)$

④ $(\dfrac{5}{6}, \dfrac{1}{7}) \Rightarrow ($, $)$

⑤ $(\dfrac{3}{8}, \dfrac{1}{6}) \Rightarrow ($, $)$

⑥ $(\dfrac{4}{9}, \dfrac{2}{5}) \Rightarrow ($, $)$

⑦ $(\dfrac{3}{7}, \dfrac{1}{12}) \Rightarrow ($, $)$

⑧ $(2\dfrac{3}{5}, 3\dfrac{1}{6}) \Rightarrow ($, $)$

⑨ $(1\dfrac{2}{7}, 2\dfrac{5}{9}) \Rightarrow ($, $)$

⑩ $(3\dfrac{1}{10}, 5\dfrac{1}{2}) \Rightarrow ($, $)$

⑪ $(4\dfrac{2}{3}, 1\dfrac{5}{8}) \Rightarrow ($, $)$

⑫ $(5\dfrac{3}{4}, 1\dfrac{3}{11}) \Rightarrow ($, $)$

⑬ $(2\dfrac{2}{9}, 4\dfrac{3}{10}) \Rightarrow ($, $)$

⑭ $(3\dfrac{1}{8}, 2\dfrac{5}{14}) \Rightarrow ($, $)$

B형

통분

★ 분모의 최소공배수를 공통분모로 하여 두 분수를 통분하시오.

① $\left(\dfrac{1}{2}, \dfrac{4}{5}\right) \Rightarrow ($, $)$

⑧ $\left(3\dfrac{3}{4}, 2\dfrac{1}{6}\right) \Rightarrow ($, $)$

② $\left(\dfrac{1}{4}, \dfrac{2}{3}\right) \Rightarrow ($, $)$

⑨ $\left(1\dfrac{2}{5}, 4\dfrac{5}{8}\right) \Rightarrow ($, $)$

③ $\left(\dfrac{1}{6}, \dfrac{5}{9}\right) \Rightarrow ($, $)$

⑩ $\left(3\dfrac{4}{9}, 5\dfrac{2}{3}\right) \Rightarrow ($, $)$

④ $\left(\dfrac{2}{7}, \dfrac{3}{14}\right) \Rightarrow ($, $)$

⑪ $\left(2\dfrac{3}{10}, 6\dfrac{1}{2}\right) \Rightarrow ($, $)$

⑤ $\left(\dfrac{3}{8}, \dfrac{5}{6}\right) \Rightarrow ($, $)$

⑫ $\left(3\dfrac{3}{7}, 1\dfrac{4}{13}\right) \Rightarrow ($, $)$

⑥ $\left(\dfrac{1}{9}, \dfrac{7}{12}\right) \Rightarrow ($, $)$

⑬ $\left(4\dfrac{3}{8}, 2\dfrac{5}{16}\right) \Rightarrow ($, $)$

⑦ $\left(\dfrac{3}{5}, \dfrac{8}{11}\right) \Rightarrow ($, $)$

⑭ $\left(1\dfrac{4}{15}, 3\dfrac{7}{10}\right) \Rightarrow ($, $)$

★ 분모의 곱을 공통분모로 하여 두 분수를 통분하시오.

① $(\dfrac{1}{3}, \dfrac{3}{5})$ ⇨ (　　　,　　　)

⑧ $(1\dfrac{3}{4}, 2\dfrac{5}{7})$ ⇨ (　　　,　　　)

② $(\dfrac{3}{7}, \dfrac{1}{8})$ ⇨ (　　　,　　　)

⑨ $(4\dfrac{1}{6}, 1\dfrac{2}{3})$ ⇨ (　　　,　　　)

③ $(\dfrac{1}{9}, \dfrac{5}{6})$ ⇨ (　　　,　　　)

⑩ $(2\dfrac{3}{8}, 3\dfrac{3}{5})$ ⇨ (　　　,　　　)

④ $(\dfrac{7}{8}, \dfrac{1}{4})$ ⇨ (　　　,　　　)

⑪ $(4\dfrac{8}{9}, 5\dfrac{1}{4})$ ⇨ (　　　,　　　)

⑤ $(\dfrac{4}{5}, \dfrac{4}{7})$ ⇨ (　　　,　　　)

⑫ $(6\dfrac{1}{2}, 2\dfrac{2}{13})$ ⇨ (　　　,　　　)

⑥ $(\dfrac{7}{10}, \dfrac{1}{11})$ ⇨ (　　　,　　　)

⑬ $(2\dfrac{1}{12}, 4\dfrac{5}{6})$ ⇨ (　　　,　　　)

⑦ $(\dfrac{5}{12}, \dfrac{2}{9})$ ⇨ (　　　,　　　)

⑭ $(5\dfrac{3}{7}, 3\dfrac{6}{11})$ ⇨ (　　　,　　　)

통분

★ 분모의 최소공배수를 공통분모로 하여 두 분수를 통분하시오.

① $(\dfrac{3}{4}, \dfrac{1}{2})$ ⇨ (,   )

⑧ $(3\dfrac{1}{6}, 4\dfrac{1}{3})$ ⇨ (,   )

② $(\dfrac{2}{3}, \dfrac{4}{9})$ ⇨ (,   )

⑨ $(2\dfrac{4}{7}, 5\dfrac{2}{5})$ ⇨ (,   )

③ $(\dfrac{1}{6}, \dfrac{5}{8})$ ⇨ (,   )

⑩ $(4\dfrac{1}{4}, 3\dfrac{7}{12})$ ⇨ (,   )

④ $(\dfrac{4}{5}, \dfrac{3}{10})$ ⇨ (,   )

⑪ $(2\dfrac{5}{14}, 1\dfrac{3}{8})$ ⇨ (,   )

⑤ $(\dfrac{5}{9}, \dfrac{6}{7})$ ⇨ (,   )

⑫ $(1\dfrac{7}{10}, 2\dfrac{8}{15})$ ⇨ (,   )

⑥ $(\dfrac{1}{8}, \dfrac{11}{12})$ ⇨ (,   )

⑬ $(4\dfrac{9}{16}, 1\dfrac{3}{20})$ ⇨ (,   )

⑦ $(\dfrac{3}{10}, \dfrac{3}{14})$ ⇨ (,   )

⑭ $(3\dfrac{5}{11}, 2\dfrac{10}{33})$ ⇨ (,   )

3일차

통분

★ 분모의 곱을 공통분모로 하여 두 분수를 통분하시오.

① $(\dfrac{2}{7}, \dfrac{1}{3})$ ⇨ (,   )

⑧ $(3\dfrac{1}{6}, 1\dfrac{5}{9})$ ⇨ (,   )

② $(\dfrac{1}{5}, \dfrac{7}{9})$ ⇨ (,   )

⑨ $(1\dfrac{5}{12}, 3\dfrac{1}{4})$ ⇨ (,   )

③ $(\dfrac{1}{2}, \dfrac{5}{12})$ ⇨ (,   )

⑩ $(2\dfrac{4}{7}, 1\dfrac{6}{11})$ ⇨ (,   )

④ $(\dfrac{3}{4}, \dfrac{3}{16})$ ⇨ (,   )

⑪ $(4\dfrac{3}{5}, 2\dfrac{7}{10})$ ⇨ (,   )

⑤ $(\dfrac{5}{8}, \dfrac{9}{10})$ ⇨ (,   )

⑫ $(5\dfrac{2}{3}, 1\dfrac{8}{15})$ ⇨ (,   )

⑥ $(\dfrac{2}{15}, \dfrac{4}{9})$ ⇨ (,   )

⑬ $(1\dfrac{5}{14}, 4\dfrac{7}{8})$ ⇨ (,   )

⑦ $(\dfrac{3}{14}, \dfrac{6}{7})$ ⇨ (,   )

⑭ $(2\dfrac{3}{20}, 3\dfrac{1}{30})$ ⇨ (,   )

통분

★ 분모의 최소공배수를 공통분모로 하여 두 분수를 통분하시오.

① $(\dfrac{1}{4}, \dfrac{5}{6}) \Rightarrow ($, $)$

⑧ $(2\dfrac{5}{8}, 3\dfrac{1}{6}) \Rightarrow ($, $)$

② $(\dfrac{7}{8}, \dfrac{4}{11}) \Rightarrow ($, $)$

⑨ $(3\dfrac{4}{9}, 4\dfrac{5}{7}) \Rightarrow ($, $)$

③ $(\dfrac{6}{13}, \dfrac{3}{5}) \Rightarrow ($, $)$

⑩ $(4\dfrac{2}{5}, 1\dfrac{7}{20}) \Rightarrow ($, $)$

④ $(\dfrac{7}{10}, \dfrac{8}{15}) \Rightarrow ($, $)$

⑪ $(2\dfrac{5}{14}, 5\dfrac{3}{4}) \Rightarrow ($, $)$

⑤ $(\dfrac{9}{16}, \dfrac{5}{12}) \Rightarrow ($, $)$

⑫ $(4\dfrac{5}{12}, 2\dfrac{7}{24}) \Rightarrow ($, $)$

⑥ $(\dfrac{3}{14}, \dfrac{8}{21}) \Rightarrow ($, $)$

⑬ $(3\dfrac{13}{22}, 4\dfrac{10}{11}) \Rightarrow ($, $)$

⑦ $(\dfrac{13}{18}, \dfrac{7}{24}) \Rightarrow ($, $)$

⑭ $(1\dfrac{7}{16}, 3\dfrac{17}{28}) \Rightarrow ($, $)$

통분

★ 분모의 곱을 공통분모로 하여 두 분수를 통분하시오.

① $(\dfrac{4}{5}, \dfrac{5}{6})$ ⇨ (,   )

⑧ $(5\dfrac{2}{3}, 2\dfrac{7}{8})$ ⇨ (,   )

② $(\dfrac{3}{4}, \dfrac{8}{9})$ ⇨ (,   )

⑨ $(2\dfrac{9}{10}, 3\dfrac{2}{5})$ ⇨ (,   )

③ $(\dfrac{3}{8}, \dfrac{7}{12})$ ⇨ (,   )

⑩ $(6\dfrac{1}{4}, 1\dfrac{5}{16})$ ⇨ (,   )

④ $(\dfrac{4}{13}, \dfrac{6}{7})$ ⇨ (,   )

⑪ $(4\dfrac{6}{7}, 2\dfrac{3}{14})$ ⇨ (,   )

⑤ $(\dfrac{2}{9}, \dfrac{9}{14})$ ⇨ (,   )

⑫ $(5\dfrac{4}{15}, 3\dfrac{1}{10})$ ⇨ (,   )

⑥ $(\dfrac{3}{10}, \dfrac{11}{12})$ ⇨ (,   )

⑬ $(3\dfrac{1}{6}, 2\dfrac{5}{18})$ ⇨ (,   )

⑦ $(\dfrac{9}{16}, \dfrac{5}{8})$ ⇨ (,   )

⑭ $(3\dfrac{6}{11}, 4\dfrac{7}{12})$ ⇨ (,   )

● 표준완성시간 : 3~4분

날짜	월	일
시간	분	초
오답 수	/ 14	

통분

★ 분모의 최소공배수를 공통분모로 하여 두 분수를 통분하시오.

① $\left(\dfrac{2}{3}, \dfrac{4}{9}\right) \Rightarrow ($, $)$

② $\left(\dfrac{6}{7}, \dfrac{5}{13}\right) \Rightarrow ($, $)$

③ $\left(\dfrac{5}{8}, \dfrac{7}{16}\right) \Rightarrow ($, $)$

④ $\left(\dfrac{7}{18}, \dfrac{5}{12}\right) \Rightarrow ($, $)$

⑤ $\left(\dfrac{9}{25}, \dfrac{7}{15}\right) \Rightarrow ($, $)$

⑥ $\left(\dfrac{5}{24}, \dfrac{17}{48}\right) \Rightarrow ($, $)$

⑦ $\left(\dfrac{19}{36}, \dfrac{8}{27}\right) \Rightarrow ($, $)$

⑧ $\left(3\dfrac{3}{4}, 4\dfrac{7}{10}\right) \Rightarrow ($, $)$

⑨ $\left(1\dfrac{4}{15}, 3\dfrac{8}{9}\right) \Rightarrow ($, $)$

⑩ $\left(4\dfrac{9}{13}, 2\dfrac{14}{39}\right) \Rightarrow ($, $)$

⑪ $\left(2\dfrac{11}{16}, 1\dfrac{23}{40}\right) \Rightarrow ($, $)$

⑫ $\left(3\dfrac{13}{20}, 5\dfrac{15}{28}\right) \Rightarrow ($, $)$

⑬ $\left(4\dfrac{17}{35}, 2\dfrac{16}{21}\right) \Rightarrow ($, $)$

⑭ $\left(2\dfrac{19}{24}, 3\dfrac{31}{36}\right) \Rightarrow ($, $)$

★ 분모의 곱을 공통분모로 하여 두 분수를 통분하시오.

① $(\dfrac{3}{4}, \dfrac{5}{8})$ ⇨ (,   )

⑧ $(2\dfrac{6}{7}, 3\dfrac{8}{9})$ ⇨ (,   )

② $(\dfrac{1}{6}, \dfrac{9}{16})$ ⇨ (,   )

⑨ $(4\dfrac{4}{5}, 3\dfrac{9}{11})$ ⇨ (,   )

③ $(\dfrac{5}{14}, \dfrac{3}{5})$ ⇨ (,   )

⑩ $(1\dfrac{6}{13}, 4\dfrac{7}{8})$ ⇨ (,   )

④ $(\dfrac{4}{7}, \dfrac{7}{11})$ ⇨ (,   )

⑪ $(5\dfrac{9}{10}, 2\dfrac{8}{17})$ ⇨ (,   )

⑤ $(\dfrac{5}{12}, \dfrac{9}{20})$ ⇨ (,   )

⑫ $(3\dfrac{5}{16}, 1\dfrac{11}{12})$ ⇨ (,   )

⑥ $(\dfrac{7}{18}, \dfrac{8}{15})$ ⇨ (,   )

⑬ $(4\dfrac{9}{14}, 3\dfrac{7}{18})$ ⇨ (,   )

⑦ $(\dfrac{6}{13}, \dfrac{11}{26})$ ⇨ (,   )

⑭ $(1\dfrac{12}{25}, 5\dfrac{14}{15})$ ⇨ (,   )

통분

★ 분모의 최소공배수를 공통분모로 하여 두 분수를 통분하시오.

① $(\dfrac{3}{8}, \dfrac{9}{10})$ ⇨ (,   )

⑧ $(4\dfrac{5}{9}, 2\dfrac{11}{12})$ ⇨ (,   )

② $(\dfrac{4}{15}, \dfrac{5}{6})$ ⇨ (,   )

⑨ $(3\dfrac{19}{28}, 5\dfrac{7}{8})$ ⇨ (,   )

③ $(\dfrac{8}{9}, \dfrac{10}{21})$ ⇨ (,   )

⑩ $(2\dfrac{16}{17}, 1\dfrac{31}{34})$ ⇨ (,   )

④ $(\dfrac{7}{16}, \dfrac{9}{28})$ ⇨ (,   )

⑪ $(1\dfrac{43}{48}, 4\dfrac{15}{16})$ ⇨ (,   )

⑤ $(\dfrac{13}{14}, \dfrac{12}{35})$ ⇨ (,   )

⑫ $(3\dfrac{17}{27}, 2\dfrac{26}{45})$ ⇨ (,   )

⑥ $(\dfrac{21}{32}, \dfrac{11}{24})$ ⇨ (,   )

⑬ $(5\dfrac{13}{35}, 3\dfrac{24}{49})$ ⇨ (,   )

⑦ $(\dfrac{17}{18}, \dfrac{23}{45})$ ⇨ (,   )

⑭ $(2\dfrac{25}{54}, 4\dfrac{23}{30})$ ⇨ (,   )

분모가 다른 진분수의 덧셈과 뺄셈

● **결과 기록지**

① 1~5일차 학습에 걸린 시간을 각각 재서 그래프에 점을 찍습니다.
② 점과 점을 연결하여 기록의 변화를 확인합니다.
③ 오답 수를 세어 오답 수 칸에 씁니다.

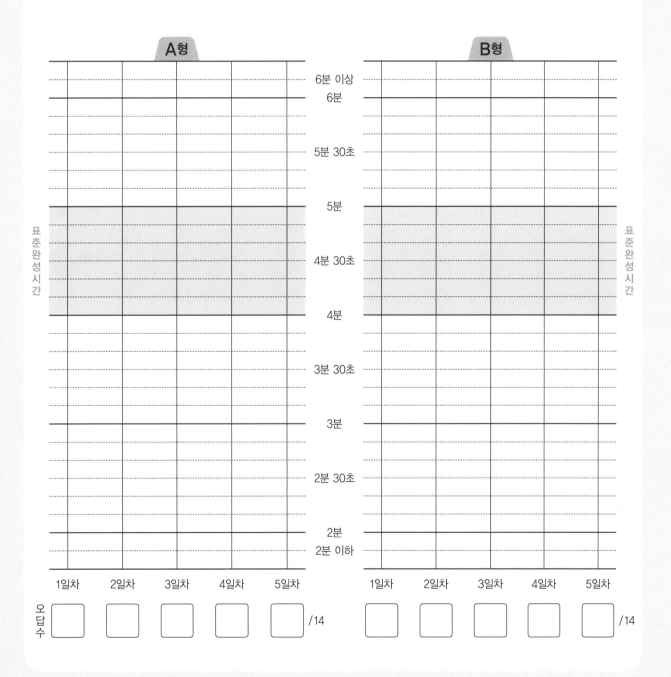

분모가 다른 진분수의 덧셈과 뺄셈

● 분모가 다른 진분수의 덧셈

두 분모의 최소공배수를 공통분모로 하여 통분합니다. 분모는 그대로 두고 분자끼리 더하면 됩니다. 이때 계산 결과가 약분이 되면 기약분수로 나타내고, 가분수이면 대분수로 바꾸어 나타냅니다.

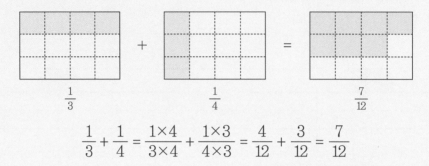

$$\frac{1}{3} + \frac{1}{4} = \frac{1\times 4}{3\times 4} + \frac{1\times 3}{4\times 3} = \frac{4}{12} + \frac{3}{12} = \frac{7}{12}$$

보기

$$\frac{1}{2} + \frac{5}{6} = \frac{3}{6} + \frac{5}{6} = \frac{8}{6} = \frac{4}{3} = 1\frac{1}{3}$$

통분은 두 분모의 곱으로도 할 수 있지만 수가 커져 계산 과정이 복잡해질 수 있으므로 최소공배수를 이용한 통분을 주로 사용합니다.

● 분모가 다른 진분수의 뺄셈

두 분모의 최소공배수를 공통분모로 하여 통분합니다. 분모는 그대로 두고 분자끼리 빼면 됩니다. 이때 계산 결과가 약분이 되면 기약분수로 나타냅니다.

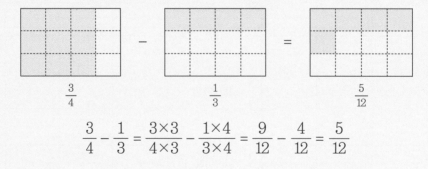

$$\frac{3}{4} - \frac{1}{3} = \frac{3\times 3}{4\times 3} - \frac{1\times 4}{3\times 4} = \frac{9}{12} - \frac{4}{12} = \frac{5}{12}$$

보기

$$\frac{4}{5} - \frac{3}{10} = \frac{8}{10} - \frac{3}{10} = \frac{5}{10} = \frac{1}{2}$$

분모가 다른 진분수의 덧셈과 뺄셈

★ 분수의 덧셈을 하시오.

① $\dfrac{1}{2} + \dfrac{1}{3} =$

② $\dfrac{2}{3} + \dfrac{1}{6} =$

③ $\dfrac{2}{7} + \dfrac{1}{4} =$

④ $\dfrac{1}{8} + \dfrac{5}{12} =$

⑤ $\dfrac{5}{18} + \dfrac{4}{9} =$

⑥ $\dfrac{3}{10} + \dfrac{4}{15} =$

⑦ $\dfrac{5}{13} + \dfrac{3}{26} =$

⑧ $\dfrac{1}{4} + \dfrac{4}{5} =$

⑨ $\dfrac{9}{10} + \dfrac{3}{5} =$

⑩ $\dfrac{5}{6} + \dfrac{3}{8} =$

⑪ $\dfrac{7}{15} + \dfrac{7}{9} =$

⑫ $\dfrac{10}{11} + \dfrac{13}{22} =$

⑬ $\dfrac{9}{16} + \dfrac{7}{12} =$

⑭ $\dfrac{5}{14} + \dfrac{16}{21} =$

B형

분모가 다른 진분수의 덧셈과 뺄셈

★ 분수의 뺄셈을 하시오.

① $\dfrac{1}{3} - \dfrac{1}{4} =$

⑧ $\dfrac{1}{2} - \dfrac{1}{7} =$

② $\dfrac{2}{9} - \dfrac{1}{6} =$

⑨ $\dfrac{3}{4} - \dfrac{5}{8} =$

③ $\dfrac{2}{5} - \dfrac{1}{10} =$

⑩ $\dfrac{2}{3} - \dfrac{4}{9} =$

④ $\dfrac{4}{7} - \dfrac{3}{8} =$

⑪ $\dfrac{5}{6} - \dfrac{4}{5} =$

⑤ $\dfrac{11}{12} - \dfrac{1}{2} =$

⑫ $\dfrac{7}{10} - \dfrac{9}{20} =$

⑥ $\dfrac{5}{16} - \dfrac{7}{32} =$

⑬ $\dfrac{13}{18} - \dfrac{5}{12} =$

⑦ $\dfrac{13}{24} - \dfrac{7}{18} =$

⑭ $\dfrac{19}{35} - \dfrac{5}{14} =$

2일차

분모가 다른 진분수의 덧셈과 뺄셈

● 표준완성시간 : 4~5분

날짜	월	일
시간	분	초
오답 수	/	14

A형

★ 분수의 덧셈을 하시오.

① $\dfrac{1}{2} + \dfrac{1}{4} =$

⑧ $\dfrac{1}{3} + \dfrac{5}{7} =$

② $\dfrac{3}{5} + \dfrac{1}{7} =$

⑨ $\dfrac{3}{4} + \dfrac{7}{8} =$

③ $\dfrac{5}{8} + \dfrac{3}{10} =$

⑩ $\dfrac{2}{9} + \dfrac{5}{6} =$

④ $\dfrac{4}{11} + \dfrac{2}{13} =$

⑪ $\dfrac{7}{12} + \dfrac{5}{9} =$

⑤ $\dfrac{8}{15} + \dfrac{7}{18} =$

⑫ $\dfrac{7}{10} + \dfrac{9}{14} =$

⑥ $\dfrac{5}{24} + \dfrac{7}{20} =$

⑬ $\dfrac{15}{17} + \dfrac{7}{34} =$

⑦ $\dfrac{6}{25} + \dfrac{13}{50} =$

⑭ $\dfrac{19}{24} + \dfrac{11}{18} =$

B형

날짜	월	일
시간	분	초
오답 수	/	14

분모가 다른 진분수의 덧셈과 뺄셈

★ 분수의 뺄셈을 하시오.

① $\dfrac{1}{2} - \dfrac{1}{5} =$

⑧ $\dfrac{1}{3} - \dfrac{1}{6} =$

② $\dfrac{5}{7} - \dfrac{2}{3} =$

⑨ $\dfrac{3}{5} - \dfrac{2}{7} =$

③ $\dfrac{9}{10} - \dfrac{5}{6} =$

⑩ $\dfrac{7}{8} - \dfrac{1}{4} =$

④ $\dfrac{13}{16} - \dfrac{5}{8} =$

⑪ $\dfrac{4}{9} - \dfrac{5}{12} =$

⑤ $\dfrac{7}{12} - \dfrac{11}{24} =$

⑫ $\dfrac{16}{21} - \dfrac{9}{14} =$

⑥ $\dfrac{8}{27} - \dfrac{5}{18} =$

⑬ $\dfrac{10}{13} - \dfrac{7}{26} =$

⑦ $\dfrac{17}{20} - \dfrac{19}{30} =$

⑭ $\dfrac{13}{24} - \dfrac{7}{15} =$

★ 분수의 덧셈을 하시오.

① $\dfrac{3}{4} + \dfrac{1}{9} =$

⑧ $\dfrac{2}{3} + \dfrac{4}{5} =$

② $\dfrac{5}{8} + \dfrac{7}{10} =$

⑨ $\dfrac{4}{7} + \dfrac{2}{11} =$

③ $\dfrac{1}{6} + \dfrac{9}{14} =$

⑩ $\dfrac{13}{15} + \dfrac{4}{5} =$

④ $\dfrac{13}{18} + \dfrac{5}{12} =$

⑪ $\dfrac{7}{16} + \dfrac{9}{20} =$

⑤ $\dfrac{11}{28} + \dfrac{10}{21} =$

⑫ $\dfrac{17}{22} + \dfrac{20}{33} =$

⑥ $\dfrac{13}{20} + \dfrac{19}{30} =$

⑬ $\dfrac{17}{48} + \dfrac{13}{24} =$

⑦ $\dfrac{11}{36} + \dfrac{14}{45} =$

⑭ $\dfrac{27}{40} + \dfrac{9}{16} =$

B형

분모가 다른 진분수의 덧셈과 뺄셈

★ 분수의 뺄셈을 하시오.

① $\dfrac{1}{4} - \dfrac{1}{5} =$

② $\dfrac{5}{9} - \dfrac{1}{3} =$

③ $\dfrac{9}{14} - \dfrac{1}{2} =$

④ $\dfrac{7}{8} - \dfrac{7}{20} =$

⑤ $\dfrac{11}{16} - \dfrac{7}{24} =$

⑥ $\dfrac{19}{39} - \dfrac{5}{13} =$

⑦ $\dfrac{13}{18} - \dfrac{17}{30} =$

⑧ $\dfrac{1}{6} - \dfrac{1}{9} =$

⑨ $\dfrac{5}{8} - \dfrac{3}{7} =$

⑩ $\dfrac{3}{4} - \dfrac{13}{20} =$

⑪ $\dfrac{8}{15} - \dfrac{3}{10} =$

⑫ $\dfrac{14}{17} - \dfrac{2}{3} =$

⑬ $\dfrac{10}{21} - \dfrac{9}{28} =$

⑭ $\dfrac{12}{25} - \dfrac{11}{40} =$

4일차 분모가 다른 진분수의 덧셈과 뺄셈

★ 분수의 덧셈을 하시오.

① $\dfrac{1}{4} + \dfrac{3}{8} =$

⑧ $\dfrac{1}{2} + \dfrac{5}{6} =$

② $\dfrac{9}{10} + \dfrac{3}{14} =$

⑨ $\dfrac{4}{13} + \dfrac{2}{5} =$

③ $\dfrac{3}{20} + \dfrac{5}{12} =$

⑩ $\dfrac{10}{21} + \dfrac{8}{9} =$

④ $\dfrac{17}{18} + \dfrac{8}{27} =$

⑪ $\dfrac{4}{15} + \dfrac{14}{25} =$

⑤ $\dfrac{10}{19} + \dfrac{13}{38} =$

⑫ $\dfrac{14}{17} + \dfrac{40}{51} =$

⑥ $\dfrac{25}{39} + \dfrac{11}{26} =$

⑬ $\dfrac{7}{32} + \dfrac{9}{40} =$

⑦ $\dfrac{22}{63} + \dfrac{11}{42} =$

⑭ $\dfrac{13}{24} + \dfrac{29}{56} =$

B^형

분모가 다른 진분수의 덧셈과 뺄셈

★ 분수의 뺄셈을 하시오.

① $\dfrac{1}{5} - \dfrac{1}{7} =$

② $\dfrac{5}{6} - \dfrac{2}{3} =$

③ $\dfrac{14}{27} - \dfrac{4}{9} =$

④ $\dfrac{11}{12} - \dfrac{9}{16} =$

⑤ $\dfrac{9}{14} - \dfrac{13}{42} =$

⑥ $\dfrac{16}{35} - \dfrac{8}{21} =$

⑦ $\dfrac{19}{24} - \dfrac{13}{36} =$

⑧ $\dfrac{1}{4} - \dfrac{1}{12} =$

⑨ $\dfrac{5}{9} - \dfrac{3}{8} =$

⑩ $\dfrac{7}{10} - \dfrac{1}{6} =$

⑪ $\dfrac{7}{15} - \dfrac{5}{18} =$

⑫ $\dfrac{3}{32} - \dfrac{1}{24} =$

⑬ $\dfrac{12}{25} - \dfrac{7}{30} =$

⑭ $\dfrac{23}{45} - \dfrac{10}{27} =$

5일차 분모가 다른 진분수의 덧셈과 뺄셈

★ 분수의 덧셈을 하시오.

① $\dfrac{4}{7} + \dfrac{3}{5} =$

② $\dfrac{7}{8} + \dfrac{5}{18} =$

③ $\dfrac{5}{28} + \dfrac{3}{16} =$

④ $\dfrac{10}{21} + \dfrac{9}{35} =$

⑤ $\dfrac{32}{45} + \dfrac{10}{27} =$

⑥ $\dfrac{17}{36} + \dfrac{19}{60} =$

⑦ $\dfrac{13}{30} + \dfrac{27}{70} =$

⑧ $\dfrac{2}{3} + \dfrac{5}{9} =$

⑨ $\dfrac{8}{21} + \dfrac{5}{6} =$

⑩ $\dfrac{5}{14} + \dfrac{7}{20} =$

⑪ $\dfrac{15}{19} + \dfrac{31}{57} =$

⑫ $\dfrac{5}{42} + \dfrac{8}{49} =$

⑬ $\dfrac{24}{55} + \dfrac{20}{33} =$

⑭ $\dfrac{23}{54} + \dfrac{16}{81} =$

B형

날짜	월	일
시간	분	초
오답 수		/ 14

분모가 다른 진분수의 덧셈과 뺄셈

★ 분수의 뺄셈을 하시오.

① $\dfrac{1}{7} - \dfrac{1}{9} =$

⑧ $\dfrac{1}{8} - \dfrac{1}{10} =$

② $\dfrac{3}{4} - \dfrac{2}{5} =$

⑨ $\dfrac{5}{13} - \dfrac{1}{3} =$

③ $\dfrac{17}{18} - \dfrac{5}{6} =$

⑩ $\dfrac{1}{2} - \dfrac{4}{11} =$

④ $\dfrac{8}{15} - \dfrac{5}{21} =$

⑪ $\dfrac{7}{12} - \dfrac{5}{14} =$

⑤ $\dfrac{9}{22} - \dfrac{8}{33} =$

⑫ $\dfrac{17}{42} - \dfrac{9}{28} =$

⑥ $\dfrac{11}{40} - \dfrac{7}{30} =$

⑬ $\dfrac{5}{36} - \dfrac{8}{63} =$

⑦ $\dfrac{25}{64} - \dfrac{13}{48} =$

⑭ $\dfrac{9}{32} - \dfrac{13}{72} =$

088단계 분모가 다른 대분수의 덧셈과 뺄셈

● 결과 기록지

① 1~5일차 학습에 걸린 시간을 각각 재서 그래프에 점을 찍습니다.

② 점과 점을 연결하여 기록의 변화를 확인합니다.

③ 오답 수를 세어 오답 수 칸에 씁니다.

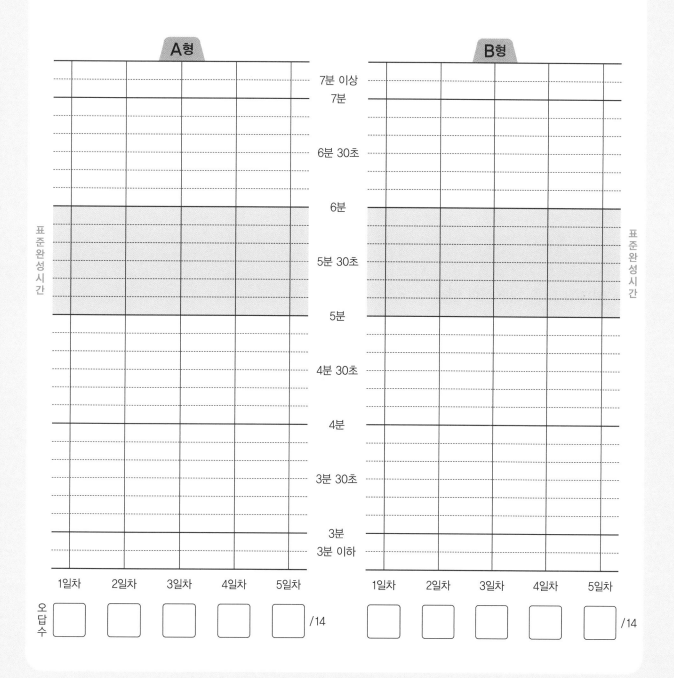

분모가 다른 대분수의 덧셈과 뺄셈

● 분모가 다른 대분수의 덧셈

[방법1] 두 분모의 최소공배수를 공통분모로 하여 통분합니다.

자연수는 자연수끼리, 분수는 분수끼리 더합니다.

[방법2] 대분수를 가분수로 바꾸어 계산합니다.

이때 계산 결과가 약분이 되면 기약분수로 나타내고, 가분수이면 대분수로 바꾸어 나타냅니다.

보기

$$[방법1] \quad 2\frac{3}{4} + 1\frac{5}{6} = 2\frac{9}{12} + 1\frac{10}{12} = (2+1) + \left(\frac{9}{12} + \frac{10}{12}\right)$$

$$= 3 + \frac{19}{12} = 3 + 1\frac{7}{12} = 4\frac{7}{12}$$

$$[방법2] \quad 2\frac{3}{4} + 1\frac{5}{6} = \frac{11}{4} + \frac{11}{6} = \frac{33}{12} + \frac{22}{12} = \frac{55}{12} = 4\frac{7}{12}$$

● 분모가 다른 대분수의 뺄셈

[방법1] 두 분모의 최소공배수를 공통분모로 하여 통분합니다.

자연수는 자연수끼리, 분수는 분수끼리 뺍니다. 분수끼리 뺄 수 없을 때에는 자연수에
서 1만큼을 가분수로 바꾸어 계산합니다.

[방법2] 대분수를 가분수로 바꾸어 계산합니다.

이때 계산 결과가 약분이 되면 기약분수로 나타냅니다.

보기

$$[방법1] \quad 4\frac{2}{3} - 2\frac{7}{9} = 4\frac{6}{9} - 2\frac{7}{9} = 3\frac{15}{9} - 2\frac{7}{9} = (3-2) + \left(\frac{15}{9} - \frac{7}{9}\right)$$

$$= 1 + \frac{8}{9} = 1\frac{8}{9}$$

$$[방법2] \quad 4\frac{2}{3} - 2\frac{7}{9} = \frac{14}{3} - \frac{25}{9} = \frac{42}{9} - \frac{25}{9} = \frac{17}{9} = 1\frac{8}{9}$$

★ 분수의 덧셈을 하시오.

① $1\dfrac{1}{2} + 2\dfrac{1}{5} =$

② $2\dfrac{2}{3} + 3\dfrac{1}{9} =$

③ $4\dfrac{1}{6} + 2\dfrac{2}{7} =$

④ $2\dfrac{5}{6} + 4\dfrac{2}{15} =$

⑤ $4\dfrac{3}{7} + 1\dfrac{5}{14} =$

⑥ $3\dfrac{1}{12} + 2\dfrac{9}{16} =$

⑦ $5\dfrac{3}{10} + 3\dfrac{7}{20} =$

⑧ $2\dfrac{1}{3} + 1\dfrac{3}{4} =$

⑨ $3\dfrac{3}{5} + 1\dfrac{9}{10} =$

⑩ $3\dfrac{3}{4} + 1\dfrac{3}{8} =$

⑪ $1\dfrac{7}{9} + 3\dfrac{5}{12} =$

⑫ $3\dfrac{11}{13} + 2\dfrac{7}{26} =$

⑬ $2\dfrac{5}{18} + 4\dfrac{14}{15} =$

⑭ $1\dfrac{9}{16} + 6\dfrac{17}{24} =$

B형

날짜	월	일
시간	분	초
오답 수		/ 14

분모가 다른 대분수의 덧셈과 뺄셈

★ 분수의 뺄셈을 하시오.

① $3\dfrac{1}{2} - 1\dfrac{1}{3} =$

② $1\dfrac{3}{4} - 1\dfrac{3}{8} =$

③ $4\dfrac{5}{6} - 2\dfrac{2}{9} =$

④ $5\dfrac{4}{7} - 3\dfrac{5}{11} =$

⑤ $2\dfrac{9}{14} - 1\dfrac{5}{12} =$

⑥ $3\dfrac{4}{15} - 2\dfrac{8}{45} =$

⑦ $6\dfrac{9}{20} - 3\dfrac{3}{16} =$

⑧ $5\dfrac{1}{7} - 2\dfrac{1}{4} =$

⑨ $4\dfrac{4}{9} - 2\dfrac{2}{3} =$

⑩ $2\dfrac{1}{5} - 1\dfrac{5}{6} =$

⑪ $4\dfrac{3}{10} - 2\dfrac{5}{8} =$

⑫ $6\dfrac{3}{11} - 3\dfrac{9}{22} =$

⑬ $5\dfrac{5}{18} - 1\dfrac{7}{24} =$

⑭ $4\dfrac{9}{28} - 1\dfrac{10}{21} =$

분모가 다른 대분수의 덧셈과 뺄셈

★ 분수의 덧셈을 하시오.

① $2\dfrac{1}{6} + 3\dfrac{1}{2} =$

② $4\dfrac{1}{7} + 1\dfrac{2}{3} =$

③ $3\dfrac{5}{8} + 2\dfrac{3}{10} =$

④ $6\dfrac{9}{14} + 1\dfrac{1}{4} =$

⑤ $1\dfrac{9}{20} + 2\dfrac{5}{16} =$

⑥ $2\dfrac{11}{30} + 1\dfrac{3}{20} =$

⑦ $2\dfrac{7}{24} + 4\dfrac{5}{18} =$

⑧ $3\dfrac{1}{5} + 1\dfrac{6}{7} =$

⑨ $1\dfrac{3}{4} + 2\dfrac{7}{12} =$

⑩ $2\dfrac{5}{6} + 3\dfrac{4}{9} =$

⑪ $4\dfrac{7}{16} + 2\dfrac{9}{10} =$

⑫ $3\dfrac{16}{21} + 4\dfrac{5}{14} =$

⑬ $5\dfrac{8}{11} + 3\dfrac{10}{33} =$

⑭ $5\dfrac{25}{27} + 3\dfrac{13}{54} =$

분모가 다른 대분수의 덧셈과 뺄셈

★ 분수의 뺄셈을 하시오.

① $4\dfrac{1}{3} - 2\dfrac{1}{5} =$

⑧ $5\dfrac{1}{2} - 3\dfrac{5}{8} =$

② $3\dfrac{4}{7} - 1\dfrac{1}{2} =$

⑨ $4\dfrac{1}{6} - 1\dfrac{2}{3} =$

③ $3\dfrac{3}{4} - 1\dfrac{1}{6} =$

⑩ $5\dfrac{2}{9} - 2\dfrac{4}{5} =$

④ $3\dfrac{7}{10} - 2\dfrac{4}{15} =$

⑪ $6\dfrac{5}{12} - 3\dfrac{4}{9} =$

⑤ $4\dfrac{7}{20} - 3\dfrac{3}{10} =$

⑫ $6\dfrac{1}{24} - 2\dfrac{5}{16} =$

⑥ $3\dfrac{10}{13} - 2\dfrac{17}{39} =$

⑬ $4\dfrac{16}{35} - 3\dfrac{5}{7} =$

⑦ $2\dfrac{11}{18} - 1\dfrac{8}{27} =$

⑭ $5\dfrac{1}{4} - 3\dfrac{13}{42} =$

분모가 다른 대분수의 덧셈과 뺄셈

★ 분수의 덧셈을 하시오.

① $3\dfrac{1}{3}+4\dfrac{3}{5}=$

⑧ $2\dfrac{1}{4}+5\dfrac{7}{9}=$

② $2\dfrac{9}{10}+3\dfrac{1}{6}=$

⑨ $7\dfrac{7}{8}+1\dfrac{1}{12}=$

③ $4\dfrac{5}{9}+1\dfrac{4}{15}=$

⑩ $3\dfrac{16}{35}+2\dfrac{4}{7}=$

④ $1\dfrac{9}{13}+3\dfrac{20}{39}=$

⑪ $4\dfrac{7}{18}+1\dfrac{3}{10}=$

⑤ $2\dfrac{14}{27}+5\dfrac{7}{18}=$

⑫ $6\dfrac{9}{20}+2\dfrac{24}{25}=$

⑥ $3\dfrac{19}{24}+2\dfrac{17}{48}=$

⑬ $2\dfrac{8}{45}+3\dfrac{11}{15}=$

⑦ $1\dfrac{5}{28}+4\dfrac{12}{35}=$

⑭ $5\dfrac{19}{40}+2\dfrac{9}{16}=$

분모가 다른 대분수의 덧셈과 뺄셈

★ 분수의 뺄셈을 하시오.

① $4\dfrac{5}{7} - 4\dfrac{1}{2} =$

⑧ $5\dfrac{1}{4} - 2\dfrac{8}{9} =$

② $3\dfrac{2}{3} - 1\dfrac{5}{6} =$

⑨ $4\dfrac{5}{8} - 3\dfrac{2}{5} =$

③ $2\dfrac{7}{8} - 1\dfrac{9}{14} =$

⑩ $3\dfrac{1}{6} - 2\dfrac{3}{10} =$

④ $5\dfrac{5}{16} - 2\dfrac{13}{32} =$

⑪ $6\dfrac{7}{12} - 3\dfrac{1}{2} =$

⑤ $6\dfrac{9}{22} - 1\dfrac{10}{33} =$

⑫ $4\dfrac{5}{18} - 2\dfrac{8}{15} =$

⑥ $4\dfrac{8}{35} - 3\dfrac{20}{21} =$

⑬ $5\dfrac{10}{51} - 1\dfrac{3}{17} =$

⑦ $3\dfrac{13}{30} - 2\dfrac{9}{40} =$

⑭ $6\dfrac{4}{27} - 2\dfrac{31}{36} =$

★ 분수의 덧셈을 하시오.

① $4\dfrac{1}{2}+3\dfrac{3}{8}=$

⑧ $3\dfrac{5}{6}+2\dfrac{3}{4}=$

② $2\dfrac{2}{3}+1\dfrac{6}{11}=$

⑨ $5\dfrac{3}{7}+1\dfrac{5}{9}=$

③ $3\dfrac{5}{6}+2\dfrac{2}{21}=$

⑩ $2\dfrac{11}{18}+3\dfrac{5}{8}=$

④ $5\dfrac{10}{17}+1\dfrac{15}{34}=$

⑪ $3\dfrac{5}{14}+1\dfrac{12}{35}=$

⑤ $1\dfrac{9}{28}+8\dfrac{7}{12}=$

⑫ $4\dfrac{9}{10}+2\dfrac{8}{25}=$

⑥ $2\dfrac{15}{32}+3\dfrac{13}{24}=$

⑬ $2\dfrac{7}{16}+2\dfrac{19}{48}=$

⑦ $4\dfrac{10}{21}+2\dfrac{25}{63}=$

⑭ $1\dfrac{8}{45}+7\dfrac{17}{18}=$

B형

날짜	월 일
시간	분 초
오답 수	/ 14

분모가 다른 대분수의 덧셈과 뺄셈

★ 분수의 뺄셈을 하시오.

① $5\dfrac{3}{8} - 3\dfrac{1}{3} =$

⑧ $4\dfrac{4}{9} - 2\dfrac{1}{2} =$

② $4\dfrac{1}{4} - 1\dfrac{5}{12} =$

⑨ $6\dfrac{9}{10} - 2\dfrac{4}{5} =$

③ $3\dfrac{8}{9} - 2\dfrac{8}{21} =$

⑩ $5\dfrac{1}{6} - 3\dfrac{4}{15} =$

④ $4\dfrac{10}{19} - 3\dfrac{23}{38} =$

⑪ $3\dfrac{5}{16} - 1\dfrac{9}{40} =$

⑤ $6\dfrac{19}{25} - 1\dfrac{11}{20} =$

⑫ $7\dfrac{7}{18} - 3\dfrac{43}{45} =$

⑥ $5\dfrac{5}{26} - 2\dfrac{14}{39} =$

⑬ $4\dfrac{15}{32} - 3\dfrac{7}{24} =$

⑦ $3\dfrac{13}{42} - 1\dfrac{3}{10} =$

⑭ $5\dfrac{4}{21} - 2\dfrac{40}{49} =$

★ 분수의 덧셈을 하시오.

① $5\dfrac{1}{3} + 1\dfrac{5}{6} =$

⑧ $2\dfrac{4}{7} + 9\dfrac{1}{4} =$

② $3\dfrac{2}{5} + 2\dfrac{6}{13} =$

⑨ $4\dfrac{1}{6} + 3\dfrac{7}{8} =$

③ $1\dfrac{8}{21} + 7\dfrac{7}{9} =$

⑩ $5\dfrac{7}{12} + 2\dfrac{5}{18} =$

④ $2\dfrac{9}{16} + 4\dfrac{7}{24} =$

⑪ $3\dfrac{13}{42} + 1\dfrac{9}{14} =$

⑤ $4\dfrac{22}{57} + 3\dfrac{14}{19} =$

⑫ $2\dfrac{8}{15} + 5\dfrac{27}{40} =$

⑥ $1\dfrac{9}{28} + 2\dfrac{13}{36} =$

⑬ $3\dfrac{32}{45} + 4\dfrac{16}{27} =$

⑦ $2\dfrac{22}{35} + 3\dfrac{30}{49} =$

⑭ $7\dfrac{17}{48} + 2\dfrac{23}{72} =$

분모가 다른 대분수의 덧셈과 뺄셈

★ 분수의 뺄셈을 하시오.

① $8\dfrac{3}{4} - 2\dfrac{3}{5} =$

⑧ $6\dfrac{5}{6} - 3\dfrac{3}{7} =$

② $5\dfrac{3}{10} - 3\dfrac{5}{8} =$

⑨ $4\dfrac{8}{15} - 1\dfrac{2}{9} =$

③ $3\dfrac{2}{3} - 1\dfrac{10}{17} =$

⑩ $5\dfrac{5}{14} - 2\dfrac{1}{2} =$

④ $4\dfrac{5}{16} - 2\dfrac{19}{48} =$

⑪ $3\dfrac{7}{30} - 1\dfrac{17}{18} =$

⑤ $6\dfrac{13}{20} - 3\dfrac{21}{50} =$

⑫ $4\dfrac{10}{21} - 3\dfrac{8}{27} =$

⑥ $3\dfrac{29}{54} - 2\dfrac{7}{36} =$

⑬ $5\dfrac{15}{56} - 1\dfrac{7}{24} =$

⑦ $7\dfrac{3}{28} - 4\dfrac{50}{63} =$

⑭ $3\dfrac{4}{45} - 2\dfrac{20}{27} =$

분모가 다른 분수의 덧셈과 뺄셈

● 결과 기록지

① 1~5일차 학습에 걸린 시간을 각각 재서 그래프에 점을 찍습니다.
② 점과 점을 연결하여 기록의 변화를 확인합니다.
③ 오답 수를 세어 오답 수 칸에 씁니다.

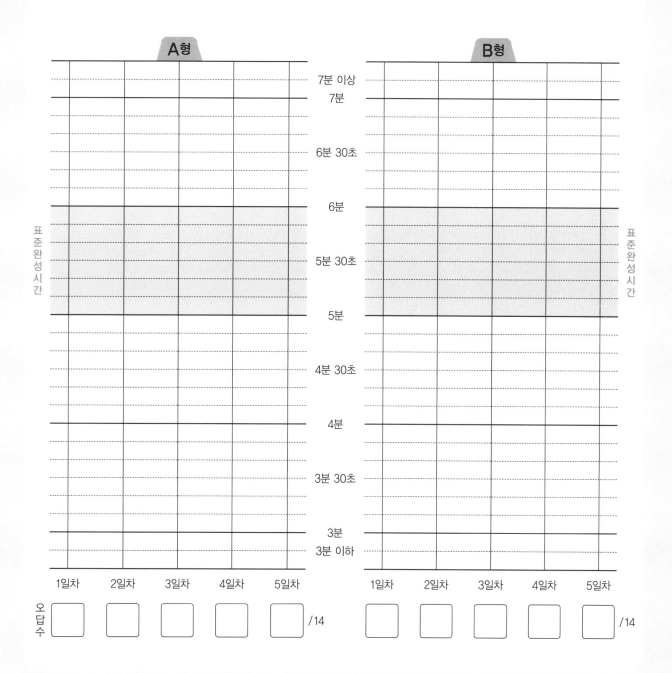

분모가 다른 분수의 덧셈과 뺄셈

● 분모가 다른 분수의 덧셈

① 두 분모의 최소공배수를 공통분모로 하여 통분합니다.

② 분모는 그대로 두고 분자끼리 계산합니다. 자연수는 자연수끼리, 분수는 분수끼리 더합니다.

③ 계산 결과는 항상 기약분수로 나타내고, 가분수이면 대분수로 바꾸어 나타냅니다.

보기

$$\frac{1}{7} + \frac{5}{14} = \frac{2}{14} + \frac{5}{14} = \frac{7}{14} = \frac{1}{2}$$

기약분수로 나타냄

$$1\frac{3}{8} + 2\frac{5}{6} = 1\frac{9}{24} + 2\frac{20}{24} = 3\frac{29}{24} = 4\frac{5}{24}$$

분수끼리의 합이 가분수이면 대분수로 바꾸어 나타냄

● 분모가 다른 분수의 뺄셈

① 두 분모의 최소공배수를 공통분모로 하여 통분합니다.

② 분모는 그대로 두고 분자끼리 계산합니다. 자연수는 자연수끼리, 분수는 분수끼리 뺍니다.

　분수끼리 뺄 수 없을 때에는 자연수에서 1만큼을 가분수로 바꾸어 계산합니다.

③ 계산 결과는 항상 기약분수로 나타냅니다.

보기

$$\frac{7}{12} - \frac{1}{4} = \frac{7}{12} - \frac{3}{12} = \frac{4}{12} = \frac{1}{3}$$

기약분수로 나타냄

$$3\frac{1}{10} - 1\frac{4}{15} = 3\frac{3}{30} - 1\frac{8}{30} = 2\frac{33}{30} - 1\frac{8}{30} = 1\frac{25}{30} = 1\frac{5}{6}$$

분수끼리 뺄 수 없을 때에는 자연수에서 1만큼을　　　　　기약분수로 나타냄
가분수로 바꾸어 계산함

날짜   월   일
시간   분   초
오답 수   / 14
●표준완성시간 : 5~6분

분모가 다른 분수의 덧셈과 뺄셈

A형

★ 분수의 덧셈을 하시오.

① $\dfrac{1}{4} + \dfrac{2}{5} =$

② $\dfrac{3}{7} + \dfrac{5}{6} =$

③ $\dfrac{4}{9} + \dfrac{1}{12} =$

④ $\dfrac{7}{10} + \dfrac{8}{15} =$

⑤ $\dfrac{11}{16} + \dfrac{9}{20} =$

⑥ $\dfrac{8}{17} + \dfrac{15}{34} =$

⑦ $\dfrac{20}{21} + \dfrac{9}{28} =$

⑧ $2\dfrac{1}{2} + 2\dfrac{2}{3} =$

⑨ $3\dfrac{1}{6} + 1\dfrac{7}{9} =$

⑩ $2\dfrac{7}{8} + 3\dfrac{3}{14} =$

⑪ $1\dfrac{7}{20} + 4\dfrac{4}{5} =$

⑫ $4\dfrac{5}{18} + 2\dfrac{7}{24} =$

⑬ $1\dfrac{10}{33} + 5\dfrac{9}{11} =$

⑭ $3\dfrac{6}{25} + 3\dfrac{13}{50} =$

B형

날짜	월	일
시간	분	초
오답 수		/ 14

분모가 다른 분수의 덧셈과 뺄셈

★ 분수의 뺄셈을 하시오.

① $\dfrac{1}{2} - \dfrac{1}{5} =$

⑧ $3\dfrac{1}{3} - 1\dfrac{1}{7} =$

② $\dfrac{5}{6} - \dfrac{1}{4} =$

⑨ $4\dfrac{3}{5} - 2\dfrac{2}{9} =$

③ $\dfrac{8}{9} - \dfrac{2}{3} =$

⑩ $5\dfrac{1}{8} - 1\dfrac{3}{4} =$

④ $\dfrac{6}{7} - \dfrac{5}{8} =$

⑪ $3\dfrac{3}{10} - 2\dfrac{1}{6} =$

⑤ $\dfrac{5}{12} - \dfrac{3}{14} =$

⑫ $6\dfrac{4}{15} - 3\dfrac{7}{20} =$

⑥ $\dfrac{13}{24} - \dfrac{5}{16} =$

⑬ $5\dfrac{15}{28} - 2\dfrac{9}{14} =$

⑦ $\dfrac{7}{18} - \dfrac{10}{27} =$

⑭ $2\dfrac{5}{22} - 1\dfrac{8}{33} =$

분모가 다른 분수의 덧셈과 뺄셈

★ 분수의 덧셈을 하시오.

① $\dfrac{3}{5} + \dfrac{1}{2} =$

② $\dfrac{3}{4} + \dfrac{2}{7} =$

③ $\dfrac{9}{10} + \dfrac{3}{8} =$

④ $\dfrac{5}{12} + \dfrac{4}{15} =$

⑤ $\dfrac{1}{6} + \dfrac{7}{22} =$

⑥ $\dfrac{17}{32} + \dfrac{9}{16} =$

⑦ $\dfrac{5}{24} + \dfrac{11}{36} =$

⑧ $4\dfrac{1}{3} + 3\dfrac{5}{6} =$

⑨ $2\dfrac{2}{9} + 5\dfrac{7}{8} =$

⑩ $5\dfrac{1}{4} + 1\dfrac{13}{18} =$

⑪ $3\dfrac{9}{14} + 1\dfrac{8}{21} =$

⑫ $2\dfrac{6}{25} + 3\dfrac{8}{15} =$

⑬ $1\dfrac{3}{26} + 1\dfrac{10}{39} =$

⑭ $2\dfrac{19}{30} + 4\dfrac{7}{12} =$

분모가 다른 분수의 덧셈과 뺄셈

★ 분수의 뺄셈을 하시오.

① $\dfrac{1}{3} - \dfrac{1}{4} =$

⑧ $4\dfrac{1}{6} - 2\dfrac{1}{2} =$

② $\dfrac{1}{2} - \dfrac{3}{8} =$

⑨ $3\dfrac{4}{9} - 1\dfrac{3}{7} =$

③ $\dfrac{5}{6} - \dfrac{7}{10} =$

⑩ $5\dfrac{5}{12} - 3\dfrac{2}{3} =$

④ $\dfrac{7}{15} - \dfrac{4}{9} =$

⑪ $6\dfrac{1}{8} - 2\dfrac{9}{20} =$

⑤ $\dfrac{6}{7} - \dfrac{11}{35} =$

⑫ $4\dfrac{9}{11} - 3\dfrac{3}{4} =$

⑥ $\dfrac{17}{36} - \dfrac{7}{24} =$

⑬ $2\dfrac{10}{19} - 1\dfrac{15}{38} =$

⑦ $\dfrac{16}{25} - \dfrac{23}{50} =$

⑭ $3\dfrac{9}{28} - 2\dfrac{11}{21} =$

분모가 다른 분수의 덧셈과 뺄셈

★ 분수의 덧셈을 하시오.

① $\dfrac{4}{7} + \dfrac{2}{3} =$

② $\dfrac{3}{4} + \dfrac{7}{9} =$

③ $\dfrac{7}{12} + \dfrac{3}{10} =$

④ $\dfrac{8}{13} + \dfrac{16}{39} =$

⑤ $\dfrac{9}{20} + \dfrac{7}{30} =$

⑥ $\dfrac{10}{27} + \dfrac{11}{18} =$

⑦ $\dfrac{12}{35} + \dfrac{18}{25} =$

⑧ $5\dfrac{1}{2} + 1\dfrac{5}{8} =$

⑨ $4\dfrac{4}{5} + 3\dfrac{1}{6} =$

⑩ $2\dfrac{11}{26} + 4\dfrac{5}{6} =$

⑪ $3\dfrac{25}{28} + 1\dfrac{13}{14} =$

⑫ $1\dfrac{7}{22} + 2\dfrac{10}{33} =$

⑬ $2\dfrac{19}{24} + 3\dfrac{9}{32} =$

⑭ $1\dfrac{7}{16} + 4\dfrac{21}{40} =$

B형

분모가 다른 분수의 덧셈과 뺄셈

★ 분수의 뺄셈을 하시오.

① $\dfrac{1}{5} - \dfrac{1}{9} =$

② $\dfrac{7}{8} - \dfrac{3}{4} =$

③ $\dfrac{11}{12} - \dfrac{2}{3} =$

④ $\dfrac{13}{18} - \dfrac{8}{15} =$

⑤ $\dfrac{5}{6} - \dfrac{11}{21} =$

⑥ $\dfrac{15}{16} - \dfrac{7}{10} =$

⑦ $\dfrac{9}{14} - \dfrac{19}{42} =$

⑧ $5\dfrac{1}{2} - 2\dfrac{3}{7} =$

⑨ $4\dfrac{4}{9} - 1\dfrac{5}{6} =$

⑩ $3\dfrac{2}{5} - 2\dfrac{9}{25} =$

⑪ $2\dfrac{3}{11} - 1\dfrac{7}{8} =$

⑫ $5\dfrac{4}{13} - 3\dfrac{15}{26} =$

⑬ $6\dfrac{13}{20} - 1\dfrac{13}{24} =$

⑭ $4\dfrac{7}{36} - 3\dfrac{20}{27} =$

★ 분수의 덧셈을 하시오.

① $\dfrac{1}{3} + \dfrac{3}{4} =$

② $\dfrac{8}{9} + \dfrac{1}{2} =$

③ $\dfrac{8}{15} + \dfrac{4}{9} =$

④ $\dfrac{9}{26} + \dfrac{8}{13} =$

⑤ $\dfrac{5}{14} + \dfrac{23}{35} =$

⑥ $\dfrac{13}{24} + \dfrac{11}{16} =$

⑦ $\dfrac{15}{38} + \dfrac{20}{57} =$

⑧ $4\dfrac{1}{5} + 2\dfrac{5}{7} =$

⑨ $3\dfrac{5}{6} + 1\dfrac{3}{8} =$

⑩ $2\dfrac{7}{8} + 5\dfrac{5}{12} =$

⑪ $1\dfrac{7}{18} + 4\dfrac{11}{30} =$

⑫ $4\dfrac{15}{28} + 3\dfrac{3}{20} =$

⑬ $3\dfrac{19}{25} + 2\dfrac{34}{75} =$

⑭ $2\dfrac{13}{45} + 3\dfrac{26}{27} =$

분모가 다른 분수의 덧셈과 뺄셈

★ 분수의 뺄셈을 하시오.

① $\dfrac{1}{4} - \dfrac{1}{7} =$

② $\dfrac{7}{10} - \dfrac{1}{2} =$

③ $\dfrac{5}{6} - \dfrac{7}{15} =$

④ $\dfrac{9}{14} - \dfrac{3}{8} =$

⑤ $\dfrac{4}{5} - \dfrac{6}{13} =$

⑥ $\dfrac{11}{20} - \dfrac{9}{25} =$

⑦ $\dfrac{13}{18} - \dfrac{29}{45} =$

⑧ $6\dfrac{4}{5} - 3\dfrac{2}{3} =$

⑨ $3\dfrac{5}{12} - 1\dfrac{7}{9} =$

⑩ $5\dfrac{3}{7} - 2\dfrac{8}{13} =$

⑪ $4\dfrac{7}{20} - 1\dfrac{5}{16} =$

⑫ $7\dfrac{5}{24} - 2\dfrac{17}{36} =$

⑬ $5\dfrac{6}{11} - 3\dfrac{35}{44} =$

⑭ $2\dfrac{21}{40} - 1\dfrac{13}{30} =$

분모가 다른 분수의 덧셈과 뺄셈

★ 분수의 덧셈을 하시오.

① $\dfrac{1}{6} + \dfrac{3}{7} =$

② $\dfrac{7}{15} + \dfrac{2}{3} =$

③ $\dfrac{3}{4} + \dfrac{5}{18} =$

④ $\dfrac{8}{21} + \dfrac{7}{12} =$

⑤ $\dfrac{9}{22} + \dfrac{5}{8} =$

⑥ $\dfrac{7}{20} + \dfrac{12}{25} =$

⑦ $\dfrac{25}{36} + \dfrac{11}{30} =$

⑧ $3\dfrac{8}{9} + 1\dfrac{1}{4} =$

⑨ $5\dfrac{1}{2} + 2\dfrac{8}{11} =$

⑩ $2\dfrac{13}{14} + 3\dfrac{5}{6} =$

⑪ $1\dfrac{9}{16} + 4\dfrac{19}{48} =$

⑫ $4\dfrac{11}{24} + 2\dfrac{17}{60} =$

⑬ $3\dfrac{15}{34} + 4\dfrac{10}{51} =$

⑭ $2\dfrac{16}{35} + 1\dfrac{30}{49} =$

분모가 다른 분수의 덧셈과 뺄셈

★ 분수의 뺄셈을 하시오.

① $\dfrac{1}{3} - \dfrac{1}{8} =$

⑧ $2\dfrac{3}{4} - 1\dfrac{1}{6} =$

② $\dfrac{5}{6} - \dfrac{7}{18} =$

⑨ $5\dfrac{2}{5} - 2\dfrac{9}{10} =$

③ $\dfrac{20}{21} - \dfrac{8}{9} =$

⑩ $4\dfrac{10}{11} - 3\dfrac{4}{7} =$

④ $\dfrac{11}{12} - \dfrac{13}{20} =$

⑪ $6\dfrac{5}{8} - 4\dfrac{27}{28} =$

⑤ $\dfrac{41}{52} - \dfrac{10}{13} =$

⑫ $8\dfrac{21}{40} - 5\dfrac{15}{16} =$

⑥ $\dfrac{13}{24} - \dfrac{19}{42} =$

⑬ $4\dfrac{15}{38} - 2\dfrac{16}{57} =$

⑦ $\dfrac{21}{25} - \dfrac{53}{75} =$

⑭ $6\dfrac{10}{27} - 3\dfrac{34}{63} =$

세 분수의 덧셈과 뺄셈

090단계

● **결과 기록지**

① 1~5일차 학습에 걸린 시간을 각각 재서 그래프에 점을 찍습니다.
② 점과 점을 연결하여 기록의 변화를 확인합니다.
③ 오답 수를 세어 오답 수 칸에 씁니다.

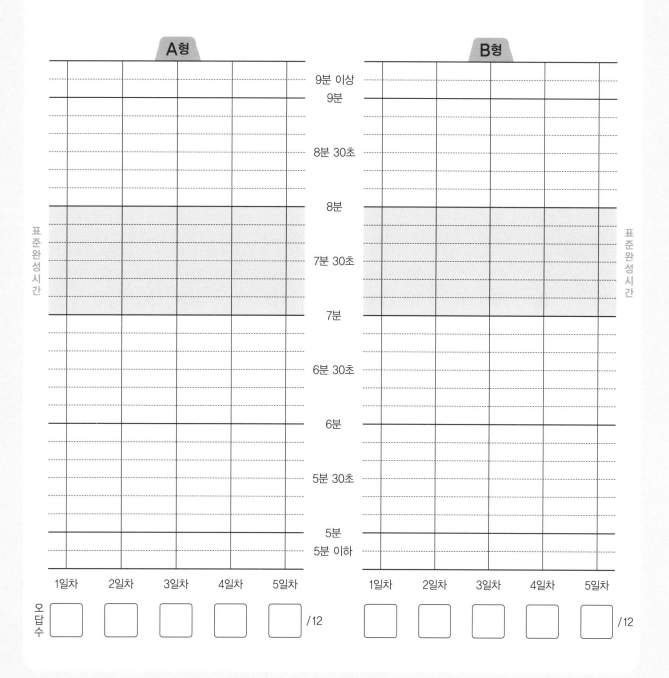

A형				
				9분 이상
				9분
				8분 30초
				8분
				7분 30초
				7분
				6분 30초
				6분
				5분 30초
				5분
				5분 이하

표준완성시간

B형				

표준완성시간

1일차 2일차 3일차 4일차 5일차

오답수 ☐ ☐ ☐ ☐ ☐ /12

1일차 2일차 3일차 4일차 5일차

☐ ☐ ☐ ☐ ☐ /12

세 분수의 덧셈과 뺄셈

● 세 분수의 덧셈

[방법1] 두 분수씩 차례로 통분하여 계산합니다.
[방법2] 세 분수를 한꺼번에 통분하여 계산합니다.

보기

[방법1] $\dfrac{1}{2} + \dfrac{1}{3} + \dfrac{1}{4} = \left(\dfrac{3}{6} + \dfrac{2}{6}\right) + \dfrac{1}{4} = \dfrac{5}{6} + \dfrac{1}{4} = \dfrac{10}{12} + \dfrac{3}{12} = \dfrac{13}{12} = 1\dfrac{1}{12}$

[방법2] $\dfrac{1}{2} + \dfrac{1}{3} + \dfrac{1}{4} = \dfrac{6}{12} + \dfrac{4}{12} + \dfrac{3}{12} = \dfrac{6+4+3}{12} = \dfrac{13}{12} = 1\dfrac{1}{12}$

● 세 분수의 뺄셈

[방법1] 앞에서부터 두 분수씩 차례로 통분하여 계산합니다.
[방법2] 세 분수를 한꺼번에 통분하여 계산합니다.

보기

[방법1] $\dfrac{3}{5} - \dfrac{1}{10} - \dfrac{1}{6} = \left(\dfrac{6}{10} - \dfrac{1}{10}\right) - \dfrac{1}{6} = \dfrac{5}{10} - \dfrac{1}{6} = \dfrac{15}{30} - \dfrac{5}{30} = \dfrac{10}{30} = \dfrac{1}{3}$

[방법2] $\dfrac{3}{5} - \dfrac{1}{10} - \dfrac{1}{6} = \dfrac{18}{30} - \dfrac{3}{30} - \dfrac{5}{30} = \dfrac{18-3-5}{30} = \dfrac{10}{30} = \dfrac{1}{3}$

● 세 분수의 혼합 계산

[방법1] 앞에서부터 두 분수씩 차례로 통분하여 계산합니다.
[방법2] 세 분수를 한꺼번에 통분하여 계산합니다.

보기

[방법1] $\dfrac{5}{8} - \dfrac{1}{6} + \dfrac{1}{12} = \left(\dfrac{15}{24} - \dfrac{4}{24}\right) + \dfrac{1}{12} = \dfrac{11}{24} + \dfrac{1}{12} = \dfrac{11}{24} + \dfrac{2}{24} = \dfrac{13}{24}$

[방법2] $\dfrac{5}{8} - \dfrac{1}{6} + \dfrac{1}{12} = \dfrac{15}{24} - \dfrac{4}{24} + \dfrac{2}{24} = \dfrac{15-4+2}{24} = \dfrac{13}{24}$

세 분수의 덧셈과 뺄셈

★ 계산을 하시오.

① $\dfrac{1}{2} + \dfrac{1}{4} + \dfrac{1}{5} =$

② $\dfrac{1}{3} + \dfrac{2}{9} + \dfrac{5}{6} =$

③ $\dfrac{3}{4} + \dfrac{1}{8} + \dfrac{7}{12} =$

④ $2\dfrac{1}{2} + 1\dfrac{2}{3} + 3\dfrac{1}{6} =$

⑤ $1\dfrac{2}{5} + 3\dfrac{1}{4} + 2\dfrac{3}{10} =$

⑥ $3\dfrac{3}{7} + 4\dfrac{1}{3} + 1\dfrac{5}{21} =$

⑦ $\dfrac{3}{4} - \dfrac{1}{3} - \dfrac{1}{8} =$

⑧ $\dfrac{6}{7} - \dfrac{1}{4} - \dfrac{5}{14} =$

⑨ $\dfrac{7}{10} - \dfrac{3}{5} - \dfrac{1}{15} =$

⑩ $5\dfrac{2}{3} - 2\dfrac{1}{2} - 1\dfrac{3}{5} =$

⑪ $4\dfrac{5}{6} - 2\dfrac{1}{4} - 1\dfrac{5}{12} =$

⑫ $7\dfrac{5}{9} - 3\dfrac{1}{6} - 2\dfrac{7}{18} =$

B형

날짜	월	일
시간	분	초
오답 수	/	12

세 분수의 덧셈과 뺄셈

★ 계산을 하시오.

① $\dfrac{1}{3} + \dfrac{1}{2} - \dfrac{1}{4} =$

② $\dfrac{1}{8} + \dfrac{3}{4} - \dfrac{2}{5} =$

③ $\dfrac{1}{6} + \dfrac{2}{3} - \dfrac{4}{9} =$

④ $1\dfrac{3}{5} + 3\dfrac{1}{2} - 2\dfrac{2}{7} =$

⑤ $3\dfrac{5}{6} + 1\dfrac{1}{8} - 3\dfrac{7}{24} =$

⑥ $2\dfrac{4}{7} + 2\dfrac{3}{4} - 4\dfrac{5}{14} =$

⑦ $\dfrac{1}{2} - \dfrac{1}{6} + \dfrac{2}{3} =$

⑧ $\dfrac{4}{5} - \dfrac{3}{10} + \dfrac{1}{4} =$

⑨ $\dfrac{7}{8} - \dfrac{1}{2} + \dfrac{5}{6} =$

⑩ $3\dfrac{4}{9} - 2\dfrac{1}{3} + 1\dfrac{5}{18} =$

⑪ $4\dfrac{3}{5} - 1\dfrac{4}{7} + 2\dfrac{1}{10} =$

⑫ $5\dfrac{3}{4} - 2\dfrac{15}{16} + 1\dfrac{3}{8} =$

세 분수의 덧셈과 뺄셈

★ 계산을 하시오.

① $\dfrac{1}{2} + \dfrac{3}{5} + \dfrac{2}{3} =$

② $\dfrac{1}{4} + \dfrac{5}{8} + \dfrac{1}{6} =$

③ $\dfrac{2}{5} + \dfrac{1}{3} + \dfrac{3}{10} =$

④ $4\dfrac{2}{7} + 3\dfrac{1}{2} + 1\dfrac{5}{14} =$

⑤ $3\dfrac{1}{8} + 1\dfrac{5}{6} + 2\dfrac{7}{24} =$

⑥ $2\dfrac{3}{4} + 5\dfrac{1}{9} + 1\dfrac{5}{18} =$

⑦ $\dfrac{2}{3} - \dfrac{1}{5} - \dfrac{2}{9} =$

⑧ $\dfrac{5}{6} - \dfrac{1}{3} - \dfrac{3}{8} =$

⑨ $\dfrac{7}{9} - \dfrac{1}{4} - \dfrac{5}{12} =$

⑩ $5\dfrac{3}{4} - 2\dfrac{1}{7} - 1\dfrac{3}{8} =$

⑪ $6\dfrac{9}{11} - 1\dfrac{7}{22} - 3\dfrac{1}{2} =$

⑫ $7\dfrac{7}{10} - 3\dfrac{9}{20} - 2\dfrac{2}{5} =$

세 분수의 덧셈과 뺄셈

★ 계산을 하시오.

① $\dfrac{1}{2} + \dfrac{3}{4} - \dfrac{2}{5} =$

⑦ $\dfrac{5}{9} - \dfrac{1}{3} + \dfrac{1}{2} =$

② $\dfrac{2}{3} + \dfrac{1}{6} - \dfrac{4}{7} =$

⑧ $\dfrac{7}{8} - \dfrac{5}{7} + \dfrac{3}{4} =$

③ $\dfrac{3}{8} + \dfrac{8}{9} - \dfrac{5}{6} =$

⑨ $\dfrac{9}{10} - \dfrac{2}{3} + \dfrac{1}{6} =$

④ $2\dfrac{1}{5} + 3\dfrac{3}{4} - 4\dfrac{7}{10} =$

⑩ $6\dfrac{1}{2} - 4\dfrac{9}{14} + 2\dfrac{3}{7} =$

⑤ $4\dfrac{2}{9} + 1\dfrac{1}{12} - 3\dfrac{2}{3} =$

⑪ $3\dfrac{3}{4} - 2\dfrac{5}{6} + 1\dfrac{2}{5} =$

⑥ $5\dfrac{1}{6} + 2\dfrac{5}{8} - 6\dfrac{23}{24} =$

⑫ $4\dfrac{5}{16} - 3\dfrac{7}{12} + 1\dfrac{7}{8} =$

세 분수의 덧셈과 뺄셈

★ 계산을 하시오.

① $\dfrac{1}{3} + \dfrac{1}{2} + \dfrac{4}{7} =$

② $\dfrac{1}{5} + \dfrac{3}{4} + \dfrac{3}{8} =$

③ $\dfrac{1}{4} + \dfrac{2}{3} + \dfrac{5}{9} =$

④ $3\dfrac{3}{5} + 2\dfrac{1}{6} + 1\dfrac{7}{10} =$

⑤ $4\dfrac{5}{6} + 1\dfrac{3}{7} + 2\dfrac{8}{21} =$

⑥ $5\dfrac{1}{12} + 3\dfrac{5}{8} + 1\dfrac{7}{16} =$

⑦ $\dfrac{7}{8} - \dfrac{1}{6} - \dfrac{2}{3} =$

⑧ $\dfrac{4}{5} - \dfrac{1}{2} - \dfrac{3}{10} =$

⑨ $\dfrac{6}{7} - \dfrac{5}{14} - \dfrac{1}{3} =$

⑩ $6\dfrac{5}{8} - 1\dfrac{1}{4} - 2\dfrac{5}{6} =$

⑪ $7\dfrac{8}{15} - 3\dfrac{2}{5} - 2\dfrac{4}{9} =$

⑫ $5\dfrac{3}{4} - 1\dfrac{7}{9} - 3\dfrac{5}{18} =$

B형

세 분수의 덧셈과 뺄셈

★ 계산을 하시오.

① $\dfrac{2}{3} + \dfrac{1}{4} - \dfrac{3}{5} =$

⑦ $\dfrac{4}{5} - \dfrac{1}{2} + \dfrac{7}{8} =$

② $\dfrac{4}{7} + \dfrac{1}{2} - \dfrac{5}{6} =$

⑧ $\dfrac{5}{6} - \dfrac{3}{4} + \dfrac{2}{7} =$

③ $\dfrac{7}{9} + \dfrac{1}{6} - \dfrac{5}{8} =$

⑨ $\dfrac{2}{3} - \dfrac{2}{9} + \dfrac{7}{10} =$

④ $4\dfrac{1}{10} + 1\dfrac{2}{5} - 3\dfrac{6}{7} =$

⑩ $5\dfrac{1}{4} - 2\dfrac{3}{7} + 1\dfrac{3}{8} =$

⑤ $3\dfrac{3}{8} + 2\dfrac{5}{9} - 5\dfrac{7}{12} =$

⑪ $7\dfrac{9}{22} - 4\dfrac{10}{11} + 2\dfrac{1}{3} =$

⑥ $2\dfrac{3}{16} + 3\dfrac{1}{4} - 4\dfrac{11}{20} =$

⑫ $6\dfrac{4}{7} - 3\dfrac{9}{14} + 2\dfrac{8}{21} =$

세 분수의 덧셈과 뺄셈

★ 계산을 하시오.

① $\dfrac{1}{2} + \dfrac{5}{6} + \dfrac{3}{4} =$

② $\dfrac{1}{9} + \dfrac{2}{3} + \dfrac{4}{7} =$

③ $\dfrac{5}{8} + \dfrac{7}{10} + \dfrac{1}{5} =$

④ $5\dfrac{1}{4} + 1\dfrac{5}{12} + 2\dfrac{4}{9} =$

⑤ $2\dfrac{5}{6} + 2\dfrac{7}{20} + 1\dfrac{3}{5} =$

⑥ $4\dfrac{1}{8} + 1\dfrac{5}{9} + 2\dfrac{7}{24} =$

⑦ $\dfrac{6}{7} - \dfrac{1}{4} - \dfrac{3}{8} =$

⑧ $\dfrac{9}{10} - \dfrac{1}{8} - \dfrac{3}{4} =$

⑨ $\dfrac{8}{9} - \dfrac{1}{3} - \dfrac{4}{15} =$

⑩ $7\dfrac{5}{6} - 2\dfrac{3}{7} - 1\dfrac{10}{21} =$

⑪ $5\dfrac{10}{13} - 1\dfrac{1}{2} - 2\dfrac{9}{26} =$

⑫ $6\dfrac{13}{16} - 2\dfrac{7}{8} - 3\dfrac{5}{28} =$

세 분수의 덧셈과 뺄셈

★ 계산을 하시오.

① $\dfrac{1}{4} + \dfrac{5}{9} - \dfrac{2}{3} =$

⑦ $\dfrac{3}{5} - \dfrac{1}{3} + \dfrac{5}{6} =$

② $\dfrac{1}{2} + \dfrac{7}{8} - \dfrac{3}{5} =$

⑧ $\dfrac{8}{9} - \dfrac{3}{4} + \dfrac{5}{8} =$

③ $\dfrac{5}{7} + \dfrac{3}{4} - \dfrac{5}{6} =$

⑨ $\dfrac{3}{10} - \dfrac{1}{8} + \dfrac{2}{5} =$

④ $2\dfrac{1}{3} + 3\dfrac{8}{15} - 4\dfrac{9}{20} =$

⑩ $4\dfrac{1}{5} - 3\dfrac{6}{7} + 2\dfrac{16}{35} =$

⑤ $3\dfrac{4}{5} + 4\dfrac{1}{2} - 6\dfrac{12}{25} =$

⑪ $5\dfrac{2}{9} - 2\dfrac{5}{8} + 1\dfrac{13}{36} =$

⑥ $4\dfrac{5}{6} + 2\dfrac{4}{9} - 5\dfrac{20}{27} =$

⑫ $7\dfrac{7}{12} - 5\dfrac{3}{4} + 3\dfrac{11}{15} =$

세 분수의 덧셈과 뺄셈

● 표준완성시간 : 7~8분

날짜	월	일
시간	분	초
오답 수	/	12

A형

★ 계산을 하시오.

① $\dfrac{2}{5} + \dfrac{1}{2} + \dfrac{5}{7} =$

② $\dfrac{1}{3} + \dfrac{3}{8} + \dfrac{5}{6} =$

③ $\dfrac{2}{9} + \dfrac{3}{4} + \dfrac{7}{18} =$

④ $3\dfrac{4}{5} + 4\dfrac{3}{10} + 2\dfrac{1}{6} =$

⑤ $1\dfrac{5}{8} + 2\dfrac{4}{7} + 3\dfrac{9}{14} =$

⑥ $4\dfrac{5}{9} + 1\dfrac{2}{3} + 2\dfrac{7}{36} =$

⑦ $\dfrac{8}{9} - \dfrac{2}{3} - \dfrac{1}{6} =$

⑧ $\dfrac{11}{12} - \dfrac{1}{7} - \dfrac{3}{4} =$

⑨ $\dfrac{4}{5} - \dfrac{7}{20} - \dfrac{3}{8} =$

⑩ $8\dfrac{3}{10} - 3\dfrac{1}{2} - 1\dfrac{11}{16} =$

⑪ $7\dfrac{5}{12} - 1\dfrac{5}{8} - 2\dfrac{7}{20} =$

⑫ $9\dfrac{14}{15} - 3\dfrac{5}{6} - 2\dfrac{13}{24} =$

세 분수의 덧셈과 뺄셈

★ 계산을 하시오.

① $\dfrac{5}{8} + \dfrac{3}{4} - \dfrac{4}{5} =$

⑦ $\dfrac{5}{6} - \dfrac{7}{9} + \dfrac{1}{4} =$

② $\dfrac{1}{2} + \dfrac{6}{7} - \dfrac{2}{3} =$

⑧ $\dfrac{2}{5} - \dfrac{3}{8} + \dfrac{5}{16} =$

③ $\dfrac{1}{6} + \dfrac{5}{12} - \dfrac{4}{9} =$

⑨ $\dfrac{7}{10} - \dfrac{1}{3} + \dfrac{8}{15} =$

④ $4\dfrac{4}{7} + 2\dfrac{3}{5} - 3\dfrac{9}{14} =$

⑩ $7\dfrac{1}{4} - 5\dfrac{7}{18} + 1\dfrac{7}{24} =$

⑤ $5\dfrac{1}{3} + 1\dfrac{8}{13} - 3\dfrac{9}{26} =$

⑪ $6\dfrac{9}{11} - 5\dfrac{1}{2} + 2\dfrac{10}{33} =$

⑥ $3\dfrac{9}{20} + 2\dfrac{1}{8} - 5\dfrac{7}{30} =$

⑫ $2\dfrac{13}{27} - 1\dfrac{5}{9} + 3\dfrac{11}{36} =$

9권 분수의 덧셈과 뺄셈

종료테스트

20문항 / 표준완성시간 6~7분

실시 방법

❶ 먼저, 이름, 실시 연월일을 씁니다.

❷ 스톱워치를 켜서 시간을 정확히 재면서 문제를 풀고, 문제를 다 푸는 데 걸린 시간을 씁니다.

❸ 가능하면 표준완성시간 내에 풉니다.

❹ 다 풀고 난 후 채점을 하고, 오답 수를 기록합니다.

❺ 마지막 장에 있는 종료테스트 학습능력평가표에 V표시를 하면서 학생의 전반적인 학습 상태를 점검합니다.

이름			
실시 연월일	년	월	일
걸린 시간		분	초
오답 수			/ 20

★ 물음에 답하시오.

① 20의 약수를 구하시오.

_____

② 3의 배수를 가장 작은 수부터 6개 쓰시오.

_____

③ 두 수 (15, 18)의 공약수와 최대공약수를 구하시오.

15 =
18 =

공약수 _____

최대공약수 _____

④ 두 수 (16, 24)의 최대공약수와 공약수를 구하시오.

$\overline{)\ 16\quad 24\ }$

최대공약수 _____

공약수 _____

⑤ 두 수 (3, 12)의 공배수와 최소공배수를 구하시오. (단, 공배수는 가장 작은 수부터 3개 쓰시오.)

3의 배수 ⇨
12의 배수 ⇨

공배수 _____

최소공배수 _____

⑥ 두 수 (15, 20)의 최소공배수를 구하고, 공배수를 가장 작은 수부터 3개 쓰시오.

$\overline{)\ 15\quad 20\ }$

최소공배수 _____

공배수 _____

⑦ 두 수 (28, 42)의 최대공약수와 최소공배수를 구하시오.

28 =
42 =

최대공약수 _____

최소공배수 _____

⑧ 두 수 (18, 48)의 최대공약수와 최소공배수를 구하시오.

$$) \ \underline{18 \quad 48}$$

최대공약수 _____

최소공배수 _____

⑨ 분수를 약분하시오.

$$\frac{8}{24} \Rightarrow \frac{\square}{12}, \ \frac{\square}{6}, \ \frac{\square}{3}$$

⑩ 분수를 기약분수로 나타내시오.

$$\frac{16}{28} =$$

⑪ 분모의 곱을 공통분모로 하여 두 분수를 통분하시오.

$$\left(\frac{2}{3}, \ \frac{2}{5}\right) \Rightarrow (\qquad , \qquad)$$

⑫ 분모의 최소공배수를 공통분모로 하여 두 분수를 통분하시오.

$$\left(1\frac{5}{8}, \ 1\frac{7}{10}\right) \Rightarrow (\qquad , \qquad)$$

★ 계산을 하시오.

⑬ $\dfrac{1}{7} + \dfrac{5}{14} =$

⑭ $\dfrac{4}{5} - \dfrac{1}{2} =$

⑮ $2\dfrac{4}{9} + 2\dfrac{1}{6} =$

⑯ $5\dfrac{3}{4} - 1\dfrac{3}{10} =$

⑰ $2\dfrac{9}{10} + 3\dfrac{8}{15} =$

⑱ $3\dfrac{1}{2} - 1\dfrac{5}{6} =$

⑲ $5\dfrac{4}{9} + \dfrac{1}{6} - 4\dfrac{1}{2} =$

⑳ $3\dfrac{3}{4} - 2\dfrac{5}{6} + 3\dfrac{1}{3} =$

≫ 9권 종료테스트 정답

① 1, 2, 4, 5, 10, 20 ② 3, 6, 9, 12, 15, 18

③ 1, 3 / 3 ④ 8 / 1, 2, 4, 8

⑤ 12, 24, 36 / 12 ⑥ 60 / 60, 120, 180

⑦ 14, 84 ⑧ 6, 144 ⑨ 4, 2, 1

⑩ $\dfrac{4}{7}$ ⑪ $\dfrac{10}{15}$, $\dfrac{6}{15}$ ⑫ $1\dfrac{25}{40}$, $1\dfrac{28}{40}$

⑬ $\dfrac{1}{2}$ ⑭ $\dfrac{3}{10}$ ⑮ $4\dfrac{11}{18}$ ⑯ $4\dfrac{9}{20}$

⑰ $6\dfrac{13}{30}$ ⑱ $1\dfrac{2}{3}$ ⑲ $1\dfrac{1}{9}$ ⑳ $4\dfrac{1}{4}$

≫ 종료테스트 학습능력평가표

9권은?

학습 방법	☐ 매일매일	☐ 가끔	☐ 한꺼번에	– 하였습니다.
학습 태도	☐ 스스로 잘	☐ 시켜서 억지로		– 하였습니다.
학습 흥미	☐ 재미있게	☐ 싫증내며		– 하였습니다.
교재 내용	☐ 적합하다고	☐ 어렵다고	☐ 쉽다고	– 하였습니다.

	평가	☐ A등급(매우 잘함)	☐ B등급(잘함)	☐ C등급(보통)	☐ D등급(부족함)
평가 기준	오답 수	0~2	3~4	5~6	7~

• A, B등급 : 다음 교재를 바로 시작하세요.
• C등급 : 틀린 부분을 다시 한번 더 공부한 후, 다음 교재를 시작하세요.
• D등급 : 본 교재를 다시 복습한 후, 다음 교재를 시작하세요.